# 「食」の未来で何が起きているのか

「フードテック」のすごい世界

石川伸一［監修］

JN107934

青春新書
INTELLIGENCE

## 「食」の世界は「フードテック」という大変革の真っただ中にある！

いま、「食」の世界が劇的に変わりつつあることを知っているだろうか。

今後、地球規模の人口爆発が起こり、肉をはじめとする食料は間違いなく供給不足となる。加えて一次産業や外食業界では人手不足が深刻化し、さらに新型コロナウイルスの流行もあって、以前の常識がますます通用しない時代になっていく。

こうした深刻な問題を解決すべく、日本を含む世界各国は食のあらゆる面に最先端のテクノロジーを活用する大変革「フードテック」に臨んでいる。

筋細胞を増殖させる培養肉、植物性たんぱく質による「代替肉」「代替魚」、遺伝子情報を変える「ゲノム編集」、料理を〝印刷〟する「3Dフードプリンター」、農業・漁業の現場で活躍する「AI」「ロボット」「ドローン」、人の手を介さない「調理ロボット」、料理の技術を必要としない「スマート調理機器」。

これらのイノベーションは、すでに実現しているものも多い。食の「未来」で何が起きているのか、私たちは何を食べているのか、確かな事例をもとに見ていこう。

「食」の未来で何が起きているのか　―「フードテック」のすごい世界―

## 第2章 代替技術が生み出す「もどき食材」の可能性

## 第3章 明日の食料資源不足を救うテクノロジーとは

# 第4章 「農」と「テクノロジー」が融合する未来図

## 第5章

# 世界が注目！日本の魚生産イノベーション

# 第6章　新型コロナで加速する外食産業の大変革

本文デザイン――青木佐和子
編集協力――編集工房リテラ(田中浩之)

# 序章

# 「食」と「テクノロジー」が融合する世界へ

## フードテックで、身の回りの〝普通〟が変わりつつある

新時代の潮流「フードテック」が注目されている。「フード」と「テクノロジー」を掛け合わせた造語で、最先端の技術を活用し、イノベーションによって食の可能性を広げようとするものだ。

フードテックが特にクローズアップされるようになったのは、2010年代半ばあたりから。設立してわずか数年のスタートアップ企業（新たなビジネスモデルで急成長を目指す企業）に、ビル・ゲイツ氏や世界的規模の企業など、そうそうたるメンバーが巨大な投資をすることで話題になった。

フードテックの市場規模は今後、700兆円にまで膨らむと予測されている。なぜ、近年になって急成長し、今後も伸びていくと考えられるのか。その大きな要因は、年々増え続ける世界の人口にある。

人口増加にともなって、食料需要も当然増していく。なかでも問題となるのがたん

ぱく質だが、最大の供給源である畜産は生産性が高くなく、しかも拡大すれば温室効果ガスの排出を増やしてしまう。もうひとつのたんぱく質源、魚についてはすでに乱獲が始まっており、多くの魚種で資源の枯渇が懸念されている。

こうした厳しい状況のなかでも、世界の人々の胃袋を満たしていかなければならない。だが、いまのままでは予想される人口爆発には到底対応できず、より効率的に食料を生産する必要がある。その切り札として期待されているのがフードテックなのだ。

フードテックはほかにもヴィーガン（完全菜食主義者）やベジタリアン、あるいは宗教上の戒律によって食べるものが制限されている人への対応策や、食の生産現場における課題や飲食店の人手不足などの解決策にもなり得る。また他者との接触を減らせることから、新型コロナウイルスと関連して期待されるようにもなってきた。

世界では米国が特に先行しており、日本はその遠い背中を見ながらあとを追っているのが現状だ。しかし、成長していくのが確実な市場をにらみ、日本でも本腰を入れて取り組むようになってきた。

農林水産省の主導により、2020年4月には「フードテック研究会」、さらに10

月には「フードテック官民協議会」が発足し、新たな市場開拓に向けて、意欲的な企業が多数参入してきた。日本のフードテックはこれから加速度を増して成長していくことだろう。身の回りの〝普通〟とされてきたものが変わっていく可能性は高い。

## フードテックがもたらす未来の食の世界とは？

ひと口にフードテックといっても、そのジャンルは幅広い。最も注目され、し烈な開発競争が繰り広げられているのが代替たんぱく質だ。

代替たんぱく質は「培養肉」と「代替肉」に大別される。培養肉製造は肉そのものの細胞を使い、培養して増やしていく最先端のイノベーション。これに対して、代替肉は豆類などに含まれている豊富なたんぱく質を利用するものだ。ほかに変わったところでは、藻類や微生物を使ってたんぱく質を作る技術も開発されている。

培養肉はまだ日本では許可されておらず、世界でも実際に食べられる国は、シンガポールなどまだわずかしかない。今後、培養に対する抵抗感が薄れるとともに、もっと〝肉〟に見えるようになると、需要が拡大する可能性は大いにある。

一方、より早く食生活に浸透しそうなのが植物性の代替肉で、日本では新興のスタートアップ企業だけではなく、大手食品メーカーも参入するようになってきた。じつはもう、ごく普通の加工食品として、大手スーパーの食品売り場に並んでいる。

新しいたんぱく質源としては、昆虫もあげられる。ゲテモノ扱いされそうだが、栄養価が高く、生産効率もいい。国連の関連機関も推奨しており、新時代の食材として受け止められるようになるかもしれない。

フードテックは食を生産する現場でも進んでいる。農業におけるフードテックは「スマート農業」とも呼ばれ、農業従事者の深刻な人手不足を補うため、農林水産省が２０１９年からバックアップ。今後、急スピードで浸透し、ＡＩ搭載ロボットの導入がごく普通のことになるなど、農業のあり方が様変わりする可能性がある。

変革が求められているのは、漁業の世界も同じ。世界の海で水産資源が減少しており、各国の争奪戦が激しくなっているからだ。安定的に供給するには、養殖技術を高めるのが最善策で、自然環境に負荷を与えない完全養殖や陸上養殖のイノベーションが進行している。

コロナ禍によって、食を提供する場である飲食業界も厳しい局面に立たされ、業界は大きく落ち込んだ。生産性向上のため、AI自動調理ロボットの導入などが考慮される時代になるだろう。無人店舗に関する技術革新も進んでおり、なかでも「小さな無人レストラン」ともいえる次世代型自動販売機がクローズアップされている。

家庭でもフードテックの恩恵に預かることのできる時代が到来している。ここで特に活躍するのはIoT。初心者でも上手に料理が作れるスマート調理機器や、レシピを介してネットショッピングや調理が可能な「キッチンOS」など、ほんの数年前までは考えられない技術革新が起こっている。

健康や病気に関する新潮流は「ヘルステック」ともいう。食事の栄養面と人の健康に関する最先端の技術により、幅広い分野で開発が進んでいる。家で食べる機会が増えているいま、気になる動きではないだろうか。

進化し続けるフードテックの世界。これから食のあり方が変わっていくのか、それとも変わらないのか、本書を読んで確かめていただきたい。

# 第1章

# 人口爆発を解決する切り札は「培養肉」!?

## 近い将来、「培養肉」がごく普通に流通している⁉

食とテクノロジーが新たに出合い、これまでにないモノが生み出されるフードテック。画期的な分野があまたあるなかでも、ひと際驚かされるのが「培養肉」に関するイノベーションだ。

培養肉とは、家畜や魚などの筋肉から少量の細胞を取り出し、体外で組織培養して作られる人工肉のこと。まるでＳＦ映画で描かれる話のようだが、現実に技術革新がどんどん進められている。

現在、培養肉のスタートアップ企業は世界に60社以上ある。とはいえ、それは日本ではなく欧米の話ではないか、と思う人もいるだろう。だが、もうそういう時代ではない。

日本でも独自のスタンスで研究に取り組むインテグリカルチャーというスタートアップ企業や、大手食品メーカーの日清食品などが培養肉事業に進出している。近い将来、培養肉がごく普通に流通し、何の抵抗もなく庶民が買い求める時代が到来するかもしれないのだ。

人工的な肉には、培養肉だけではなく、植物由来の代替肉もある。後者の開発競争も非常に興味深いので、のちほど第2章でくわしく紹介しよう。

培養肉や代替肉が注目されている背景には、世界的な人口増加がある。２０２１年の世界人口は78億７５００万人。今後も年を追うごとに増えていき、国連では２０５０年に97億人に達すると推計している。

急増する世界の人々の命を支えるには、膨大な量の食料が必要とされる。こうしたなか、今後の人口増加に追いつかないと懸念されているのがたんぱく質源だ。単純な人口増加に加えて、新興国で食肉需要が急速に拡大していることも、今後の肉不足の要因になる。国が経済的に成長して人々が潤うと、食事に使える金が増えて肉を食べたくなるのは至極当然だ。

将来、特に問題になりそうなのが牛肉で、不足する可能性が非常に高い。家畜のなかでも大きく成長する牛は、じつにたくさんの飼料を食べる。農林水産省の試算によると、1キロの牛肉を作るのに必要な飼料は11キロ。これに対して、豚肉は6キロ、鶏肉なら4キロで済む（日本の飼養方法を基にしたトウモロコシ換算による試算、農林水産省作成）。

トウモロコシなどの飼料を栽培するには、当然、大量の水も必要だ。牛肉1キロを作るのに必要な水は約2万リットル。栽培に雨水や川から引いた水ではなく、地下水を利用している地域では、過剰なくみ上げが問題になっているところもある。一般に考えられている以上に、牛肉の生産は環境に大きな負荷をかけているのだ。

そこでクローズアップされるようになったのが、培養肉や代替肉だ。環境に対する負荷を抑えて、世界の人口爆発にも対応できる。しかも、生き物の命を奪わずに生産するので、近年増えつつあるヴィーガンやベジタリアンをターゲットにできる可能性もある。厳密に衛生管理された施設内で製造されることから、食中毒や感染症のリスクが極めて低くなるのもメリットだ。

こうした人工肉の市場は、特に欧米で大きな注目を浴びている。ある試算によると、2020年における世界の培養肉と代替肉を合わせた市場は約2570億円余りだった。これが10年後の2030年には約1兆8700億円超と、7倍以上も世界市場が膨らむと予想されている。

では現在、どういった培養肉が開発されているのか。これまでにない新たなたんぱく質源として、人々にどう提供されようとしているのか。国内外のさまざまな企業の動きを見ていこう。

## 世界初の「培養肉バーガー」の値段は3250万円！

第二次世界大戦時の英国首相チャーチル。「歴史上で最も偉大なイギリス人」ともいわれるこの人物は、1931年に書いたエッセイで次のように記した。「我々は胸肉や手羽先を食べるためにニワトリをまるごと飼育するなどという不条理はやめて、個々の部位を適切な培地で別々に育てるようになるだろう」。

チャーチルの予言はいま、現実のものになりつつある。

20世紀後半から小規模な細胞培養プロジェクトがいくつか行われたのち、ロンドンで2013年8月5日、世界を驚愕させるイベントが開催された。世界初の「培養肉バーガー」の試食会。牛の幹細胞をシャーレで培養して、塩やパン粉などを混ぜて平らな肉の形に成型し、バンズにはさんで提供したのだ。

さて、気になるその味はどうだったのか。

本物の肉のようなジューシーさはないけれど、食感はいい。脂肪分がない赤身の肉ではあるが、普通のハンバーガーを食べているようだ――。このように、試食した参加者の反応は悪いものではなかった。

試食会の様子はテレビで放映され、大勢の視聴者を驚かせる。さらに、その模様はニュースになってインターネット上を駆け巡り、世界に大きな衝撃を与えた。しかし、研究室で人工的に作られるというイメージから、「フランケンバーガー」などと好意的ではない呼び方をする人たちもいた。

世界初の培養肉バーガーはオランダのマーストリヒト大学教授、マーク・ポスト博士によって研究、開発された。ポスト博士によると、理論上は幹細胞が数個あれば、1万トンから5万トンの肉を培養できるという。

この培養肉バーガーの値段は、５年間にわたる研究費を含めて約３２５０万円（25万ユーロ）。培養肉が食用になり得ることは証明したものの、実用化されるにはコストの問題をクリアする必要があった。ポスト博士の試算では、１個１４００円程度まで価格を下げられるということだった。

ポスト博士は２０１６年、培養肉製造を目指すスタートアップ企業であるモサミートをオランダで法人化した。培養培地には当初から牛の胎児の血清を利用していたが、これは非常に高価なうえに、生き物の命を奪わないという培養肉のメッセージ性にも反する。そこで、モサミートでは胎児の血清を使わない方法に切り替え、さらなる研究開発を進めている。

## いち早く生産コスト削減に成功した米国企業も

培養肉のスタートアップ企業で、モサミートと並んで強い存在感を示しているのが米国のアップサイドフーズ（旧メンフィスミーツ）だ。心臓外科医のウマ・バレティ氏と幹細胞研究者のニコラス・ジェノヴェーゼ氏が2015年、サンフランシスコに設立。培養肉企業として快進撃を続けている。

アップサイドフーズは、先行したポスト博士の手法と同じく、生きた動物から細胞を採取し、これを培養して肉にする。2016年には世界で初めて培養によってミートボールを作ることに成功。翌17年にはこれも世界初の記録として、鶏肉と鴨肉の培養肉を生産した。ほかに培養シーフードにも進出し、扱うメニューが非常に幅広いのが特徴だ。どの培養肉企業も頭を悩ませているコスト削減については、モサミートに先駆けて実現。創業3年足らずで、重量あたりの生産コストを8分の1近くまで下げることに成功した。

最先端の培養肉企業として、アップサイドフーズは投資の対象としても注目の的だ。ビル・ゲイツ氏やリチャード・ブランソン氏（ヴァージン・グループ創始者）、食品大手のタイソン・フーズ、ソフトバンクグループなど、そうそうたるメンバーから出資を受けている。一例をあげると、2020年1月に調達した資金は1億6100万ドル（約176億円）にのぼった。培養肉の未来に寄せる期待がいかに大きいのかがわかる。

アップサイドフーズは承認さえ下りれば、２０２１年中にも培養鶏肉と培養鴨肉を店頭販売する方針を示している。培養肉を巡る世界の動きは想像以上に速い。

## 日本初の培養肉スタートアップ企業が目指す未来

ポスト博士がハンバーガー用に作った世界初の培養肉は、２００グラムで約３２５０万円。これに対して、１００グラムわずか20円の培養肉作りを目指している企業がある。ほかにない手法で培養肉の大量生産を模索している日本のスタートアップ企業、インテグリカルチャーだ。

インテグリカルチャーを率いるのは、オックスフォード大学博士課程を修了しているＣＥＯ、羽生雄毅氏。ＳＦやアニメが大好きで、さまざまな媒体のインタビューによると、培養肉の製造を始めるきっかけは「ＳＦの定番だから」だそうだ。

このユニークな培養肉スタートアップ企業は、培養肉の値段を安く抑えるために、斬新な技術で向かい合う。

なかでも特筆されるのは、培養に必要不可欠ながら、値段はダイヤモンドよりも高いホルモンのコスト削減を実現した技術だ。独自の細胞培養システムを開発し、動物の体内に似た環境を再現。その中でホルモンを作り出すことにより、従来よりも大幅なコストダウンが可能になった。

こうして開発したシステムにより、フォアグラの生産にも成功。2021年末には東京都内の高級レストランに提供することを目標に動いている。インテグリカルチャーの想定では、培養肉の大量生産が実現し、スーパーで買えるようになるのは2028年ごろだとしている。

インテグリカルチャーのホームページでは、近未来の家庭料理も提案。「近い将来、自分でお肉がつくれるようになったら、きっと楽しい」とうたって、培養肉を作るレシピを掲載しているので紹介しよう。

その内容はまさに仰天ものだ。まず、牛と鶏、オマールエビの細胞を培養システムにセットし、培養液を注ぎ込む。そして数日待つと、牛と鶏、オマールエビそれぞれの魅力が混ざり合った培養肉が出来上がるというものだ。

まさに、ＳＦやアニメで描かれるような世界。じつはもう、そんな突拍子もない時代がすぐ近くまで来ているのかもしれない。

## 日清食品が挑む、世界にまだない「培養ステーキ肉」

カップヌードルに入っている〝謎肉〟をご存じだろう。日清食品によると、大豆由来の原料と豚肉を合わせ、野菜などを混ぜて味つけし、サイコロ状に固めたミンチだという。肉が入っているものの、植物由来の代替肉に近いものだ。

その日清食品ホールディングスが、東京大学生産技術研究所の竹内昌治教授と共同で、本格的な人工肉の開発に乗り出している。しかも、ただの培養肉ではなく、まだ誰も食べたことのない培養ステーキ肉。これは世界でも異例のチャレンジだ。

現在、世界で開発されている培養肉はミンチ状の肉ばかり。ただの筋細胞の集合体で、肉ならではの食感や食べごたえは期待できない。ミンチからステーキにステップアップするためには、筋組織を立体構造にするという極めて高いハードルがある。日清食品HDと東大の共同研究グループは、世界で初めてその難関を突破。2019年3月に、縦1センチ、横8ミリ、厚さ7ミリ、重さ1グラムのサイコロステーキ状の培養肉を作ることに成功したと発表した。

共同研究グループが考案した手順は次のようなものだ。まず牛の細胞を細かく刻み、酵素の働きを利用して、細胞間のつながりをなくしてバラバラにする。その後、1週間ほど培養して、細胞が約1億個になるまで増やす。

細胞が十分増えたら、コラーゲンを混ぜて細長い型に流し込む。これを横にいくつも並べて培養し、線維の向きがそろった薄いシート状の細胞の集合体を作成。このシートを30枚ほど重ねて約1センチの厚さにし、さらに培養すると1週間で約1センチ角の〝サイコロステーキ〟に成長するのだという。

日清食品では、この培養ステーキ肉の研究開発を急ピッチで進め、2024年度中には基礎技術を確立することを目指している。スーパーに並ぶ肉のパックに、「サイコロステーキ（培養肉）」のラベルが貼られる日はそう遠くなさそうだ。

## 世界初、培養肉が販売されたのはシンガポール

２０２０年12月19日は、培養肉の歴史に深く刻まれる記念日となった。世界で初めて、培養肉が食用として販売されたのだ。

販売を認可したのはシンガポール。歴史に残る初認可を受けたのは、サンフランシスコを拠点とする培養肉スタートアップ企業、イートジャストだ。

シンガポールの規制当局とイートジャストは、過去2年間にわたって交渉を続けてきた。規制当局は7人の専門家を集め、食品毒性学や栄養学、疫学、食品科学、食品技術、公衆衛生政策、バイオインフォマティクス（生命情報科学＝生物の膨大な情報を計算機で解析する学問）の分野で協議。製造におけるすべての工程を評価し、その培養肉は食用とするのに十分安全だとの結論に達した。

販売が開始されたのはチキンナゲット。原料となる培養肉は、鶏の羽根の細胞にアミノ酸やブドウ糖、ビタミンなどの栄養源を与えて培養される。約2週間で1キロほ

どに成長するというから、飼育55日で3キロに達して出荷されるブロイラーよりも生産性が高い。

この培養肉チキンナゲットを食べられるのは、シンガポールの会員制レストラン「1880」。報道によると、試食したオーナーは「従来の鶏肉だと言われてもわからない」という感想を述べた。気になる価格は1皿約1800円で、同レストランのほかの高級鶏肉料理と同じ程度の価格設定だという。

「グッドミート」というのが、この培養肉チキンナゲットにつけられたブランド名。培養肉に〝不気味さ〟を感じる人も少なくないと思われるなか、真っ正直にプラスイメージを与えようとするネーミングだ。この「良い肉」がどのように受け入れられるのか、目を離すことができない。

## イスラエルの工場併設レストランで培養鶏肉を試食

培養肉を実際に味わえるところは、現在、シンガポールのほかにもある。イスラエル中部、テルアビブに近いネスジオナという街の小さなレストランで、培養チキンを使ったハンバーガーやライスロールを味わうことができる。

この店の名は「ザ・チキン」。じつは一般的なレストランではなく、イスラエルの培養肉スタートアップ企業、スーパーミートが開いた試験的な施設だ。

施設は培養肉製造所に隣接しており、定期的に試食会を開催。客は培養肉チキンフィレをはさんだチキンバーガーを食べながら、大きな窓の向こう側で行われている培養肉製造の様子を見学できるという趣向だ。

培養チキンの出来栄えはなかなかのもので、普通のチキンバーガーだといわれれば、疑うことなく納得するレベルのようだ。スーパーミートでは客に食事代は求めず、その代わりに感想などをフィードバックしてもらっているという。より良い培養肉作りのヒントにするためだ。

スーパーミートが生産できる培養肉の量は、いまのところ、1週間で数100キロ程度。アメリカで販売を認可されれば、生産を一気に拡大する計画を立てている。

見てきたように、培養肉の世界はし烈な開発競争が繰り広げられている。これから先、消費の急激な拡大が見込まれているからだ。ある予測によると、２０４０年ごろには、私たちが食べる肉の３分の１は従来の肉、もう３分の１は代替肉、そして残りの３分の１が培養肉になっているという。

培養肉の未来は大きく開けているように思えるが、実際に普及させるためには大きな関門がある。「何となく気持ち悪い」というイメージをいかになくすか、という問題だ。この心理的な抵抗感をなくすことができれば、一般に想像されるよりもずっと早く、培養肉は浸透していくのかもしれない。

# 第2章

# 代替技術が生み出す「もどき食材」の可能性

## 鶏、豚、牛に続く第4の肉、大豆ミートが注目される理由

人口爆発が引き起こす肉不足に、どのように対応すればいいのか。培養肉と並んで将来性を見込まれているのが、「もどき肉」ともいえる植物由来の代替肉だ。フードテックのスタートアップ企業は近年、新しい代替肉を開発しようと激しい競争を繰り広げている。

代替肉や培養肉が注目されている理由のひとつは、畜産が地球温暖化に影響を与えていることだ。国連環境計画の2018年の調べでは、人間の活動による世界の温室効果ガスの排出量は、$CO_2$（二酸化炭素）に換算すると過去最高の553億トンにのぼり、その約15%は家畜に関連するものだという。

なかでも環境負荷の大きい家畜が牛で、家畜関連の温室効果ガスの3分の2を排出している。そして、その半分余りは「げっぷ」によるものだ。

草食動物のなかでも、牛や羊、シカ、ラクダなどは反芻《はんすう》動物といわれる。食べたも

のをいったん口で咀嚼《そしゃく》して胃に送り、その後、また口に戻して咀嚼し再び胃に送る。この反芻を繰り返しながら消化を進める。

牛が消化をしている間、胃の中では食べたものが微生物の働きによって発酵し、絶えずメタンが発生する。厄介なのがこのメタンで、$CO_2$の25倍もの温室効果があるといわれている。

発生したメタンは牛の体内で吸収されることなく、大気中に多くはげっぷとして放出されてしまう。まるで冗談のような話だが、じつはこれが地球温暖化の原因のひとつになっているのだ。

一方、植物由来の代替肉なら、生産の過程でメタンは発生しない。動物の細胞から作り出す培養肉も同じだ。

では代替肉や培養肉は、本当に地球環境にやさしいのだろうか。代替肉の有力なスタートアップ企業、ビヨンドミートが生産の全工程で行った環境影響評価によると、代替肉は牛肉よりも温室効果ガス排出量が90%、水使用量が99%、土地使用量が93%、エネルギー使用量が46%少なく、人の健康や気候変動、資源保全などに良い影響を与えるという。

培養肉の場合はどうだろう。有力なスタートアップ企業、アップサイドフーズが発表したところでは、培養肉は牛肉よりも温室効果ガス排出量や水・土地の使用量が90%ほど少ない。ただし、まだ環境負荷を正確に計測する段階ではないという。

代替肉や培養肉の環境負荷に関する研究はそれほど進んでいないが、畜産と比べるとやはり地球環境にやさしいのだろう。

## 米国の若者「Z世代」にとって、代替肉は「クール」

現在、培養肉が実際に流通しているのはシンガポールのみ。世界のほかの国々では、工場直送の培養肉の試食会があるイスラエルを除き、一般の人たちはまだ味わうことができない。

一方、植物由来の代替肉はすでに市場に多く出回っており、米国を中心に全然珍しいものではない。しかも、市場規模は年を追うごとに急拡大が続いている。

代替肉は培養肉と比べて、大きなアドバンテージがある。肉の細胞から作る培養肉は、宗教的に認められない場合があるが、植物由来の代替肉にはその心配がないということだ。

実際、代替肉スタートアップ企業を代表する1社、インポッシブルフーズの代替肉は、ユダヤ教の食事に関する厳格な規定「コーシャ」に認定された。

さらに今後、代替肉市場をさらに成長させる追い風のひとつが、米国の「Z世代」という存在だ。１９９０年代後半から２０１０年ごろにかけて生まれた世代のことで、ネットリテラシーが高く、環境問題に強い関心があるとされる。

こうした次代を担う若者たちは、畜産による環境負荷などの情報から、「従来の肉よりも、植物性の代替肉のほうがクール」という考えを持ちやすいという。このため、Z世代が社会の中心になっていくにつれて、代替肉の市場もさらに拡大していくという見方がある。

市場の拡大に伴って、ビヨンドミートは２０１９年にナスダックに上場。インポッシブルフーズも２０２２年4月までに上場を申請する方針を立てている。

代替肉の技術革新に関する取り組みについて、これら先頭を走るスタートアップ企業から見ていこう。

## 肉のうまさの源「ヘム」を遺伝子組換え技術で生成

最先端を走る代替肉スタートアップ企業のひとつ、インポッシブルフーズは2011年の設立。創業者のパトリック・ブラウン氏は生化学者で、米国科学アカデミー賞など数々の受賞歴があり、名門スタンフォード大学の名誉教授でもある。

ブラウン氏は研究者たちが憧れる地位を捨てて起業した。地球を気候変動から守らなければならない。負荷が大きくかかる家畜の生産をやめるべきだ。こうした強い想いから、植物由来の代替肉作りを目指したのだという。

大豆などのたんぱく質を使って、一見、肉のような食品に仕立てるのはそう難しい話ではない。問題なのは、実際に食べてみておいしいと思えるかだ。地球環境にいい、健康的で体にいいというスローガンは重要だが、やはり食品は食べたときの味の良さや満足感が重要となる。

代替肉が本物の肉に取って代わるためのポイントは何か。インポッシブルフーズでは、脳科学の手法によって本物の肉と認識してもらえる代替肉を追求し、「ヘム」という化合物を利用するのがベストという結論に達した。

ヘムとは動物のヘモグロビン（赤血球に含まれる赤いたんぱく質）やミオグロビン（筋肉に含まれる赤いたんぱく質）中に存在している化合物。常温では赤色をしているが、加熱されると茶色に変わる。バーベキューで肉を焼くとき、徐々に色が変わるときに食欲が湧くのは、この色の変化が強く影響している。さらに、肉の香りや味わいにも深くかかわっている物質だ。

インポッシブルフーズは、このヘムを大豆の根につくコブ「根粒」に含まれる成分、レグヘモグロビンから抽出できないかと考えた。植物のたんぱく質に、植物由来のヘムを加えるのだから、代替肉の生産方法としては申し分ないように思える。

ただし、実際に試してみると、大豆の根粒からはわずかな量のヘムしか抽出できなかった。そこで導入したのが、遺伝子改変のテクノロジーだ。大豆の根粒からレグヘモグロビンを合成する遺伝子を取り出し、ある種の酵母に注入。こうして作った遺伝子組換えの酵母を培養し、ヘムを大量生産することに成功した。

独自に開発したこの技術で、インポッシブルフーズの代替肉にはヘムが加えられ、見た目も味わいも肉にぐっと近づけることができた。さらにココナッツオイルやヒマワリ油などを加えて、本物の肉らしい風味づけをしている。

独自の「大豆レグヘモグロビン」は2019年8月、FDA（米国食品医薬品局）に安全性を認められ、食品に添加する色素として承認を受けた。これ以前の2016年から、ニューヨークやサンフランシスコの高級レストランなどに代替肉ハンバーグを提供していたが、以降はスーパーなどでも販売することができるようになった。

インポッシブルフーズの代替肉は、2019年から米国ハンバーガーチェーン第3位、バーガーキングのパテに採用されていることでも知られる。通常のハンバーガーよりも値段が1ドル程度高いにもかかわらず、売れ行きは好調で主力メニューになっているという。

インポッシブルフーズの歩みは順風満帆にも見えるが、添加されるヘムの安全性については議論が続いており、訴訟も発生している。フードテックとしての代替肉の歴史はまだ10年程度。長期的に見て安全性を保障できるかどうか、結論を出すのは早いのかもしれない。

## よりヘルシーな代替肉にこだわるスタートアップ企業も

代替肉市場の覇権をインポッシブルフーズと競い、同社に先駆けて上場を果たしたのが米国のビヨンドミートだ。上場初日には時価総額38億ドル（約４２００億円）を得て、大きな注目を浴びていることを証明した。

ビヨンドミートの設立はインポッシブルフーズよりも2年早い２００９年。再生可能エネルギーのエンジニアだったイーサン・ブラウン氏によって、カリフォルニア州でスタートした。

インポッシブルフーズと最も違うのは、より安全性を追求していることだ。遺伝子組換え大豆を主原料とし、分子レベルのテクノロジーを駆使するインポッシブルフーズとは対照的に、ビヨンドミートは非遺伝子組換え認証を取得した。

ビヨンドミートの代替肉は、米国で遺伝子組換えが90％以上を占める大豆ではなく、えんどう豆を主原料に使用。それだけでは味わいが淡泊なので、やはりココナッツオイルなどを加えている。

肉をイメージさせる赤い色については、ビーツやリンゴなどの色素を添加してまかない、化学的に作られる合成着色料は使っていない。

両者は販売戦略もまったく異なる。インポッシブルフーズが高級レストランへの提供から始めたのに対して、ビヨンドミートは２０１３年に米国最大手の自然食品系スーパー、ホールフーズでの小売りからスタートした。

その後、より幅広い層へとターゲットを移し、大衆的なスーパーでの販売や、ケンタッキーフライドチキンやマクドナルドといったファストフード店に供給するようになった。

遺伝子組換えの素材を使っていないことから、米国以外でも受け入れられると判断。ヨーロッパをはじめとする海外進出に向けて、積極的に取り組んでいる。

米国を震源地として、こうした植物由来の代替肉の需要が伸びている背景には、健康志向の高まりがある。確かに代替肉は低脂質・低カロリーで、本物の肉と比べて脂質は15％、コレステロールは90％程度カットされている。しかし、その一方で、パテなどに含まれている塩分は、牛肉から作られるものの3～4倍も多い。ほかにも増粘剤などの添加物が加えられていることがよくある。植物由来の食品だからといって、健康に良いとは必ずしもいえない面があることは覚えておきたい。

## 米国2大代替肉企業が、代替牛肉に続いて代替豚肉も開発

米国の代替肉2大スタートアップ企業、インポッシブルフーズとビヨンドミートは牛肉の代替肉からまず手掛けた。チョイスの理由はもちろん、米国では牛肉が群を抜いて好まれているからだ。その後、両社は最近になって、牛肉以外の代替肉の開発競争も行うようになった。

2020年1月、米国ラスベガスで開催された世界最大級の家電・技術見本市「C

ES2020」でインポッシブルフーズが披露したのは、新商品の代替肉「インポッシブルポーク」だ。現場で実食した人のなかには、「本物の豚肉よりもおいしい」という最上級の感想を述べたケースもあったという。

CES2020では同じく新商品の「インポッシブルソーセージ」もデビューし、こちらも代替肉の新たな形を示すものとして来場者に好印象を与えた。

代替肉スタートアップ企業のもう一方の雄、ビヨンドミートも2020年に代替肉の豚ひき肉「ビヨンドポーク」を開発して発表。まずは上海にある5軒の人気レストランで、1週間限定のイベントとして提供された。

米国では豚肉は牛肉や鶏肉よりも好まれていない。しかし、世界に目を向ければ話はまるで違ってくる。真っ先にターゲットとされるのは、世界最大の豚肉生産・消費国である中国だろう。

加えて、イスラム圏にも進出できる可能性がある。イスラム教では食べていいもの、食べてはいけないものが厳密に定められており、豚肉を口にすることは許されないが、植物由来の代替肉なら市場を開拓できるかもしれない。

## 世界に先駆けて代替肉を開発したメーカーが日本にあった！

植物由来の代替肉製造といえば、米国を中心にここ10年ほどで急成長してきたスタートアップ企業が有名だ。しかし、代替肉は最近、開発されるようになったわけではない。じつは日本に半世紀以上も前から、さまざまな代替肉を生み出してきた企業がある。大阪府泉佐野市で1950年に創業した不二製油だ。

不二製油は植物性油脂の大手で、業務用チョコレート市場では国内トップ、世界でも3位のシェアを誇る。主力商品の油脂と並んで、不二製油が力を入れてきたのが、大豆を使った代替肉「大豆ミート」だ。

1957年には早くも最初の商品を開発。以来、大豆ミートの素材になる粒状大豆たんぱくなどを開発してきた。1969年には肉に近い食感を目指し、肉状組織たんぱく質製品「フジニック」を世に出した。まさに現在、スタートアップ企業の間で激しい開発競争が繰り広げられている分野だ。

けれども、不二製油の大豆ミート関連商品は会社の柱にはならなかった。肉の代替商品なので値段は肉よりも安く、しかも当時は代替肉の市場そのものがない。このため、大豆ミート部門は常に赤字だったそうだ。

それでも、「人のためになる」「大豆は地球を救う」という信念のもと、研究を重ねていく。肉は種類や部位によって味が異なる。そうした肉ならではの味わいを再現しようと、油脂製造で培った技術によって、食感などが異なる約60種類もの粒状大豆たんぱく質を開発した。これらを自在に組み合わせることによって、さまざまな肉料理を再現することができるという。商品は業務用として、食品メーカーや外食産業などに供給している。

不二製油があきらめずに手掛けてきた大豆ミートは、最近の代替肉市場の盛り上がりに伴い、クローズアップされるようになった。赤字だった時代に比べると、発注は10倍ほどに急増したという。時代がやっと不二製油に追いついたわけだ。

この需要拡大を受けて、不二製油では2019年から2020年にかけて、千葉県に大豆たんぱく質素材商品を製造するための新工場を建設した。

また、大豆ミート商品に対する消費者の反応を探るため、2020年9月から翌年3月までの期間限定で、大丸心斎橋店の地下食品売り場に惣菜店を出店した。ここで得た売れ筋の傾向や生の声を分析し、新たな大豆ミート商品作りに生かしていく。

## 添加物に頼らない、ヘルシーな革新的大豆ミート

大豆由来の代替肉製造に、熊本県のスタートアップ企業が革新的な技術で挑んでいる。2015年に設立した「DAIZ」。同社が自信を持って提案する「ミラクルミート」とは、いったいどのような代替肉なのか。

ミラクルミートには、ほかの代替肉とは違う特徴がある。そのひとつが原料である大豆だ。じつは従来の大豆由来の代替肉は、油をしぼったあとの脱脂大豆を使うことが多かった。資源の有効利用ではあるものの、大豆そのものに比べると味や食感、栄養価がやや劣り、大豆特有の匂いが気になる場合もある。

そこで、DAIZでは大豆そのものである丸大豆を使用。大豆の種類にもこだわり、

佐賀大学が開発した高オレイン酸大豆で作る。オレイン酸はオリーブオイルに含まれている油脂として知られ、血液中の悪玉コレステロールを減らす働きがある。

この丸大豆をそのまま使わず、あえて発芽させるのもDAIZならではの生産方法だ。豆類は発芽したとたんに、うま味のもとであるアミノ酸が増え、ビタミンやミネラルなどの栄養価も急激に高まる。この性質を利用して、より味が良くてヘルシーな代替肉を作ろうというわけだ

発芽させるときには、独自に開発した特許技術「落合式ハイプレッシャー法」という手法を使う。酸素や二酸化炭素、温度、水などを調整し、ストレスをかけながら発芽させる方法で、アミノ酸などが一層増えるのだという。

発芽させた大豆に高い圧力や熱を加えてペースト状にし、さらに膨張させると、肉に似た線維を持つようになる。これがミラクルミートの材料だ。

ミラクルミートは大豆を使った代替肉として、さまざまな料理に活用できる。DAIZのホームページでは代替肉バーガー、タコス、チキンナゲット、小籠包、ボロネーゼ、煮込みハンバーグのレシピが紹介されている。

いずれも掲載された料理写真を見ると、本物の肉を使った料理にしか見えない。ミラクルミートの完成度の高さは、小売業界の注目の的となっている。

## 普通のスーパーで、代替肉が簡単に買える時代に

日本には古くから、大豆などのたんぱく質を利用する精進料理があり、豆腐料理やおから料理も好まれている。このため、植物由来の代替肉について、「なぜ、いまさら？」と興味を持たない人もいるだろう。

こうした日本でも最近、地球環境への配慮や健康志向の高まりにより、代替肉が普及しつつあることをご存じだろうか。たとえば、大手スーパーのイオンの取り組みだ。限定店舗で今年3月、自社プライベートブランド「トップバリュ」から、新商品「大豆からつくったミンチ」の販売を開始した。

プレスリリースによると、大豆をミンチ状に加工した生のミンチタイプ。適度な粘り気があり、いつものミンチ肉の替わりに幅広く利用できる。原料は「高オレイン酸

の大豆」で、製法の特徴は「発芽大豆」を使っていることだという。

つまりトップバリュの新商品には、先ほど紹介した熊本の代替肉スタートアップ企業、DAIZが開発したミラクルミートが採用されているのだ。価格は100グラム当たり138円。鶏胸肉のミンチに比べると高いが、牛豚合いびき肉よりは割安と、買い求めやすい価格設定になっている。

この「大豆からつくったミンチ」は、日本で初めて代替肉が冷蔵販売された例となった。販売方法については特別扱いしないで、精肉コーナーに肉の一種として陳列されている。購入する年代の中心は30～40代で、売れ行きは順調。米国のように代替肉が本物の肉と並び、ごく普通に販売される時代が日本にも到来したわけだ。

また、大手スーパーのイトーヨーカドーでは2021年6月、大豆やえんどう豆などを利用した世界初の焼肉用代替肉「NEXTカルビ1・1」「NEXTハラミ1・1」の販売をスタート。同商品は7月、石川県のイオンでも販売開始となった。

製造しているのは2020年、東京（研究所は新潟県）に設立されたネクストミーツ。歴史は浅いが海外志向が強く、すでにアジア4か国で展開し、欧米進出も狙う意欲的な代替肉スタートアップ企業だ。大手スーパーが今後、こうした代替肉をどのように扱っていくのか興味は尽きない。

## 大手食品メーカーが代替肉市場に次々参入！

ある調査によると、日本における植物由来の代替肉市場は、２０２０年が３４６億円だった。以降、年々拡大することが予測されており、10年後の２０３０年には2倍以上の７８０億円になるという。

市場が変化していくなか、植物由来の代替肉の開発に取り組むのは、スタートアップ企業や業務用商品を手掛ける一部の企業だけではなくなってきた。２０１９年ごろから、大手食品加工メーカーが本気で開発に乗り出すようになったのだ。

たとえばボンカレーで有名な大塚食品には、素材に肉をまったく使用していない「ゼロミート」がある。テスト販売までに２００種類以上の試食を重ねて、ハンバーグとソーセージ、ハムを開発した。特に意識したのは、従来の豆腐ハンバーグなどとは一線を画すことと、植物由来ならではの栄養素にこだわったことだ。

肉のような脂の風味を出すことも大きなポイントだった。もちろん使うのは植物油で、オレイン酸やリノール酸、パルチミン酸、ステアリン酸などの組み合わせにより、肉の脂の組成に近づくように工夫されている。

大手ハムメーカーの開発競争も激化してきた。伊藤ハムが販売しているのは「まるでお肉」と銘打ったシリーズで、ナゲットや唐揚げ、ハンバーグ、肉団子、メンチカツなどをラインナップ。従来のハムなどを製造する工程の中に、大豆たんぱく質の加工技術があり、長年培ったそのノウハウを使って開発した。

2020年3月に発売開始後、わずか半年でリニューアル。食べておいしいことに加えて、よりヘルシーな低コレステロール食品という方向に舵を切った。リニューアルの速さに、伊藤ハムの代替肉開発にかける本気度がうかがえる。

大手食品メーカーでは後発なのがプリマハムで、2021年3月、代替肉の加工食品市場に参入を果たした。商品シリーズ名は「トライベジ」。ハンバーグやミートボール、ミニフライドチキンなど、食卓にのぼりやすい料理を提案している。

注目される点は、大手味噌メーカーのマルコメとのコラボレーションによって開発したことだ。マルコメの脱脂大豆加工食品「大豆ラボ 大豆のお肉」が原料。他社の代替肉加工品が大豆の匂いをなくそうと工夫しているのに対して、大豆ならではの味の良さを打ち出している。

世界では米国のスタートアップ企業2社が突出し、覇権を争っている代替肉市場。日本のメーカーによる国内での競争もし烈になってきた。

## 世界が注目！　代替肉を三次元化する技術

米国と並ぶフードテックの先進国、イスラエルで２０２１年7月、現在のイノベーションの到達地点とも思える斬新な商品が発売された。３Ｄフードプリンターで作り出す代替肉だ。開発したのは２０１８年、テルアビブに設立されたスタートアップ企業のリディファインミート。３Ｄフードプリンターにこだわり、植物由来の代替肉を作り出すことを模索してきた。

今回発売されたのはハンバーグ、牛ひき肉、ケバブ、ソーセージ、シガー（中東風の春巻）の5種類。いずれも植物由来の素材を〝インク〟として使い、立体的に〝印刷〟したものだ。豆類や穀物のたんぱく質を利用し、肉らしい噛み応えやジューシーさを作り出している。

原料に遺伝子組換え物質を使っておらず、抗生物質も加えられていない。公開されている栄養価を見ても、とてもヘルシーだ。

ハンバーグの場合、100グラム当たりのエネルギーは174キロカロリー（一般的な合いびき肉ハンバーグは197キロカロリー）、たんぱく質は10・5グラム（同13・4グラム）、ナトリウムは250ミリグラム（同340ミリグラム）で、コレステロールはゼロ（同47ミリグラム）となっている。

これら5つの新商品は当面、イスラエルの一部のレストランやホテルで提供。次いでヨーロッパに進出し、2020年には米国とアジアを新しいマーケットにすることを目論んでいる。

リディファインミートはハンバーグやひき肉などのほかに、3Dフードプリンターを使ってブロック状のステーキを作ることにも成功している。イスラエル国内で試食会を開いた際には、本物の肉との区別がつかなかった人が90％にのぼったという。この気になるステーキ肉については、２０２１年中の販売を目指している。

社名の「redefine」とは「再定義」という意味。３Ｄフードプリンターによって、肉の定義は変わるのだろうか。

## 植物性の卵で作る「もどきスクランブルエッグ」

肉や魚と並んで、日常的に食べるたんぱく源といえば卵。栄養豊富な食材だが、ヴィーガンは食べることができず、栄養価的にはコレステロールが高いといった気になる点もある。そこで紹介したいのが、フードテックの技術を駆使して作られた完全植物性の「ジャストエッグ」だ。

油を引いたフライパンに流し込み、ほど良く混ぜると、スクランブルエッグの出来上がり。どう見ても、本物の卵で作ったとしか思えない。それどころか不思議なことに、食べると本当にスクランブルエッグの味がする。

ジャストエッグを開発したのは、サンフランシスコを拠点とするスタートアップ企業のジャスト。2011年にハンプトン・クリーク・フーズという名で設立され、植物の研究開発からスタートした。

2013年、卵を使わない完全植物性のマヨネーズ「ジャストマヨ」を開発し、斬新な商品だと注目を浴びた。その後、社名を変更し、引き続き卵不使用をテーマとした研究開発を進めてきた。

ジャストエッグが代替たんぱく質とするのは緑豆。2018年に植物性の卵液を開発し、2020年にはスクランブルエッグや卵焼きなど、卵料理っぽいものを作れるジャストエッグを世に出した。これでフレンチトーストを作ってもおいしいそうだ。

現在、ジャストのホームページにはジャストエッグのほかに、卵焼きの形状をしており、電子レンジやトースターなどで加熱するだけで食べられる「ジャストエッグフォールデイド」などを掲載している。

これらの商品は純植物性ながら、たんぱく質含有量は普通の卵と同等。一方、含まれるコレステロールはゼロで、摂り過ぎると体に良くない飽和脂肪酸は従来の卵よりも少ない。いかにも卵らしい鮮やかな黄色は、ターメリックで色づけしたものだ。

そもそも、なぜ卵そっくりの疑似食品が必要なのか？と疑問を感じる人がいるかもしれないが、ヴィーガンにとっては食卓が充実してうれしいことなのだろう。

## 6種類の植物から作られる代替マグロとは？

植物由来の代替肉市場は急成長しており、今後も大きく消費が拡大すると予測されている。では、代替肉ならぬ代替魚はどうなのか。

肉の供給は近い将来、人口爆発に対応できなくなる可能性が高いが、魚も同じようなものだ。近年、ほとんどの魚はすでに乱獲気味で、将来的に資源が枯渇することが目に見えている。畜産の未来と同様に、水産業の未来も明るいとはいいがたいのだ。

こうした状況のなか、植物由来の代替肉のように、代替魚も開発されるようになってきた。代替たんぱく質の世界では新顔で、バリエーションも代替肉よりずっと少ないが、今後、需要がどんどん伸びていきそうだ。

ニューヨークで2016年に設立されたグッドキャッチフーズは、代替魚を開発するスタートアップ企業の代表格。同社が打ち出す商品は植物由来のツナをはじめ、バーガー用のフィッシュパテ、クラブケーキ（カニの身にパン粉や卵などを混ぜて揚げ焼きにする米国東海岸の名物料理）などがある。

えんどう豆、ひよこ豆、レンズ豆、大豆、そら豆、白いんげん豆、以上6種類の豆類のたんぱく質が主な原料だ。これらのたんぱく質を組み合わせることによって、ツナのような食感を作り出している。

脂質に関してもひと工夫。豆類を使うだけでは、体にいいDHAやEPAといった不飽和脂肪酸を得ることができない。そこで、魚と同じような成分を持つ海藻由来の油を利用。こうして脂質も魚に近づけて、健康効果を期待できるようにした。

ヘルシーな食品であることも重視しており、人工的な香料や着色料は使用されていない。原料の調達には細心の注意を払っており、遺伝子組換えの大豆は使用していないと明言している。魚が原料ではないので、近年問題になっているマイクロプラスチックや水銀などが含まれている心配もない。

原料や製法にこだわった結果、フィッシュパテやクラブケーキといった商品の多くは、ユダヤ教の食事に関する厳密な規定「コーシャ」にも認定された。

グッドキャッチフーズの代替魚メニューは、米国のほかにカナダ、英国、オランダ、スペインといった国々にも進出。魚消費大国の日本に上陸した場合、どのような反応が見られるのか、非常に興味深いものがある。

## 豆ではなくナスとトマトから作る謎のシーフード

魚料理のなかでも、近年、日本人が想像する以上に世界で人気が高まっているのが「sushi」。その寿司ネタに注目し、独自の商品を開発してきたスタートアップ企業が、2016年にニューヨークで設立されたオーシャンハガーフーズだ。

同社の共同創設者は、全米調理連盟が認定する公認マスターシェフのジェームズ・コーウェル氏。世界の海で絶滅に瀕している魚を救うために、30年近くにわたって培った自分のスキルを捧げ、ほかにない代替寿司ネタを開発したという。

乱獲のために激減し、しかも寿司ネタとして人気が絶大なのはマグロ。そこで同社では、まずマグロの赤身を開発し、これを「アヒミ」と名づけた。「アヒ」とはハワイでのキハダマグロの呼び名だ。

代替肉や代替魚は多くの場合、大豆をはじめとする豆類のたんぱく質を使って作られる。この点、オーシャンハガーフーズの代替寿司ネタは異質。原料としてカラフルな野菜を利用しているのだ。

看板商品のアヒミは主にトマトから作られており、真っ赤な色合いはまさにマグロの赤身そのもの。シャリにのせて出されると、赤身の寿司にしか見えない。材料はトマトのほか、小麦粉などに含まれるたんぱく質を除去したグルテンフリーの醤油、砂糖、水、ゴマ油。気になるような添加物は一切使われていない。

もうひとつの代替寿司ネタが、近年、マグロ以上に数が減り絶滅危惧種になっているウナギを模した「ウナミ」。これについても、何も知らないで提供されると、多くの人はウナギにしか見えないだろう。

ウナギそっくりの造形は、主にナスを使って整えられている。さらにグルテンフリーの醤油、みりん、砂糖、米ぬか油、藻類の油、こんにゃく粉という、いずれも自然食品を加えて、ウナギの食感と味わいに近づけた。

オーシャンハガーフーズはアヒミとウナミを押し出し、２０２０年までに米国、カナダ、カリブ海諸国、英国の生鮮を扱うレストランに進出。これまでにない新しい代替シーフードとして、驚きを持って受け入れられた。

しかし、そうしたなかで発生したのが、新型コロナウイルスによるパンデミックだ。せっかく開拓した各国のレストランは、コロナ禍のなかで売り上げを大幅に落としてしまう。この思わぬ強い逆風のなかで、オーシャンハガーフーズの業績も一気に傾き、２０２０年6月に操業停止に追い込まれた。

オーシャンハガーフーズは再浮上に向けて、２０２１年3月、タイの大手食品流通メーカーであるノーブフーズと提携することを発表。ノーブフーズは30か国と取り引きがあり、植物由来の食品にも力を入れている。オーシャンハガーフーズにとっては心強い援軍だ。

このノーズフーズの力を借りて、オーシャンハガーフーズは2021年中に再び、世界に向けて進出することを目指している。

## 海藻と植物が原料の100%ヴィーガンな代替エビ

エビもさまざまな国で好まれる人気シーフードのひとつ。近年、大量に流通している「ブラックタイガー」「バナメイ」といったクルマエビの仲間は、東南アジアなどの海岸でマングローブを伐採して作られたエビ養殖場から出荷されたものだ。

このマングローブの伐採が、現地では大きな問題になっている。マングローブ林は「稚魚のゆりかご」といわれるように小さな魚の隠れ家になっており、伐採されることによる生態系への影響は大きい。またマングローブには高潮や津波などを軽減させる働きもあり、地域の防災上でも必要なものだとされている。

これほど環境に負荷を与える養殖エビを食べてもいいものか……。2021年、こう悩む人たちでも堂々と食べられるエビが登場する。ニューヨークで2015年に設立されたスタートアップ企業、ニューウェーブフーズが開発した植物由来の代替エビ「ニューウェーブシュリンプ」だ。

海藻と植物性たんぱく質、それに植物由来の成分を組み合わせることによって、エビのような食感と味わいを実現したという。グルテンフリーであることはもちろん、遺伝子組換えに由来する成分も含まれていない。

ニューウェーブシュリンプはいまのところ、イスラム教での「ハラール（許されている）」フードではないが、ユダヤ教で食べても良いとされる「コーシャ」には認定されている。動物性の食材やその副産物は使用していないので、ヴィーガンでも安心して食べられるという。

食べ方としては、ソテーや揚げ物、グリル、焼きなど、いろいろなレシピによる調理が可能とのこと。ホームページのレシピページでは、ガーリックバターのエビ炒め、アボカドとのサラダ、バンミ（ベトナムのサンドイッチ）、キャベツなどといっしょに挟むタコス、といったバラエティ豊かな料理が提案されている。

ホームページによると（２０２１年夏の時点）、今後数か月でレストランなどで食べられるようになるとしている。

ニューウエーブフーズは今後、ニューウェーブシュリンプの揚げ物なども開発していく。さらにエビだけではなく、カニやロブスター、ホタテといったほかの代替シーフードにもチャレンジしていく構えを見せている。

## 乳牛はもういらない！　ヴィーガンが待ち望んだ培養ミルク

畜産は地球環境に対する負荷が大きいと、繰り返し触れてきた。これは肉牛だけではなく、乳牛の飼育でも同様だ。乳牛から1リットルの牛乳をしぼるには、900リットルもの水が必要とされる。加えて肉牛と同じく、食後にげっぷをするたびに、重要な温室効果ガスであるメタンを放出してしまう。

地球環境のことを考慮すると、できるだけサステティナブル（持続可能）な牛乳の生産方法を模索したいところだ。そこで開発が進んでいるのが、本物の牛乳に限りなく近づけた新しい食品だ。

こうした〝牛乳もどき〟を生産する代表的なスタートアップ企業が、２０１４年にカリフォルニアで設立されたパーフェクトデイ。彼らは乳牛の細胞を使うことなく、本物そっくりの〝牛乳〟を作ることに成功した。豆乳のように植物由来の成分ではなく、研究室で発酵させて作られるので、培養牛乳と呼ぶのがいいかもしれない。

パーフェクトデイが確立した培養牛乳の製造方法を紹介しよう。最も重要なポイントは、微生物の遺伝子に新しい情報を加え、乳たんぱく質を作るように改変することだ。代替肉の大手スタートアップ企業、インポッシブルフーズが肉らしい味わいの源である「ヘム」生産のために開発した手法と同じと考えていい。

遺伝子操作した微生物を使って、乳たんぱく質を生成。これを取り出して、脂肪や植物ベースの糖質、そのほか必要な栄養素をプラスし、牛乳のような風味や味わいを持つように仕上げたら完成だ。

パーフェクトデイの培養牛乳はじつにヘルシー。コレステロールやグルテンなどを含んでおらず、乳牛の飼料由来の抗生物質やホルモン剤といった気になる成分も一切含有されていない。動物が関与していないので、ヴィーガンにもおすすめの商品だとホームページでうたっている。

インポッシブルフーズの代替肉と同様に、遺伝子を操作していることが引っかかる人はいるだろう。ただ、生産された培養牛乳の中には、遺伝子組換え物質は含まれていないそうだ。

乳牛からしぼったものではないので、牛乳アレルギーの人も安心して飲めそうな気がするかもしれない。しかし、この培養牛乳に含まれているのは本物の乳たんぱく質。アレルギーが気になる人は要注意だという。

パーフェクトデイは食品メーカーなどと提携し、この培養牛乳を提供。アイスクリームなどに加工され、米国の約5000店舗で販売されている。

## 培養牛乳の技術を応用し、限りなくヒトの母乳に近い培養母乳も

培養牛乳を手掛けるフードテック企業は、パーフェクトデイのほかにもある。そのひとつがイスラエルのバイオミルク（Bio Milk）だ。チーフサイエンティストのヌリ

ット・アルガマン博士が、２００９年からエルサレムのヘブライ大学で母乳の組成と構造の模倣を研究。その研究内容を社会で実装化しようと、２０１８年に設立された。

バイオミルクの培養方法は、パーフェクトデイとはまた違う。利用するのは牛乳を作り出す重要な細胞、乳腺細胞だ。この乳腺細胞をバイオリアクター（細胞などの生体触媒を使って生化学反応を行う装置）に入れて培養する。

この培養のために使われる成分は、バイオミルクが開発した特許技術によるもの。通常、細胞を培養すると、その細胞自身が増殖していく。しかし、この特殊な培養方法によって、乳腺細胞は自分自身を増やさずに、牛乳を分泌するようになる。

この培養牛乳について、バイオミルクでは２０２１年中にサンプルを発表する計画を立てている。そしていま、新たに力を入れているのが培養母乳だ。

牛乳はあくまでも飲みものの一種だが、ヒトの母乳は乳児が成長するための糧《かて》。数百種類に及ぶ成分が含まれており、しかもその組成は人によって、あるいは日によって変化する。開発のハードルは牛乳よりもはるかに高いが、成功すると、その先には非常に大きな市場が開けている。

バイオミルクの培養母乳の開発はかなり進んでおり、本物の母乳に含まれている成分をすべて含むものになるとのこと。母乳特有の成分で、乳児の免疫に大きな影響を与えるオリゴ糖も添加するので問題ないという。

2021年には培養母乳を完成させると発表していたが、若干ずれ込み、サンプルが見られるのは2022年になりそうだ。

## 急成長間違いなし！ 人間の培養母乳市場に各社が次々参入

米国のスタートアップ企業で、人間の培養母乳の開発に挑んでいるのがバイオミルク（Bio Milq)。共同創業者である細胞生物学者、レイラ・ストリックランド博士は、子どもを育てるときに母乳が出なくて苦労した経験を持っている。

レイラ博士は2013年、世界で初めて作り出された培養肉バーガーのニュースを見て衝撃を受けた。同時にインスピレーションを得て、培養肉ならぬ培養母乳の研究に取り組もうと決意する。2019年、レイラ博士は共同創業者となるミシェル・エッガー氏と出会い、米バイオミルクはスタートした。

米バイオミルクは2020年、乳腺細胞を培養することによって、母乳の重要な成分であるたんぱく質のカゼインと炭水化物のラクトースを得ることに成功。この快挙が投資家たちの間で話題になり、ビル・ゲイツ氏の投資ファンドから350万ドル（約3億8000万円）の出資を受けることができた。これで生産体制が一気に充実し、急ピッチで研究が進められるようになった。

2021年6月、米バイオミルクは世界で初めて、乳房の外側で母乳を作り出すことができたと発表。6週間から8週間程度あれば、乳腺細胞を培養して母乳を生産できるという。

最近、培養母乳に関する動きは一層拡大している。シンガポールのスタートアップ企業、タートルツリーはイスラエルのバイオミルクのように、もともとは牛の細胞を使う培養牛乳の開発からスタート。途中で、より大きな市場が見込まれる培養母乳に方向転換した。通常の乳児用としてだけではなく、牛乳よりもさらに栄養価の高い新しい飲み物として、高齢者向けに応用することも考えているという。

また、注目すべきは世界最大の食品メーカーであるネスレの動向で、近い将来、培養母乳の研究に乗り出すのではないかと見る向きもある。

フードテックのなかでも、培養母乳の研究はまだ発展途上で、これからどう進展するのか目が離せない。

# 第3章

# 明日の食料資源不足を救うテクノロジーとは

## 昆虫食が注目されたきっかけは国連関連機関の推奨

これから世界が直面する人口爆発に伴って、食料問題が地球規模での重要課題になることは間違いない。人類が初めて直面するこの危機を逃れるためには、食料生産のあり方を見直す必要がある。

間近に迫る食料難を乗り切るために、どういったアプローチによって新たな食を創出するのか。この章では培養肉や植物性の代替肉以外の手立てを考えていこう。

まず、古くて新しい食材である「昆虫」。肉や魚に続く価値の高いたんぱく質源として、じつは近年、世界的に注目されている。

きっかけとなったのは、国際連合食糧農業機関（FAO）が2013年に公表した報告書の内容だ。その報告書では、食料問題の解決策のひとつとして昆虫食を奨励し、家畜の飼料としても活用できると述べていた。

確かに、昆虫食にはメリットが多い。なかでも大きな利点が、環境にやさしいということだ。牛肉を生産するためには大量の穀物などの飼料が必要だが、昆虫なら牛の4分の1ほどの飼料で同じ量のたんぱく質を生産できる。

ほかにも、生産で発生する温室効果ガスが家畜と比較にならないほど少ない、飼育するのに畜産のような広大な土地を必要としない、乾燥に強い種類は水をそれほど与える必要がない、廃棄物や堆肥といった安価なエサで育てることが可能、といったように環境に対する負荷が家畜よりもずっと小さくて済む。

昆虫食は健康的な食材でもある。良質なたんぱく質が含まれるのはもちろん、鉄や銅、マグネシウム、マンガン、亜鉛といった微量栄養素の供給源となるからだ。病気に対する安全性も高い。畜産や養鶏の場合、危険なウイルス病や牛海綿状脳症（BSE）など、動物から人間に感染する病気の発生源となる可能性があるが、昆虫ならそういった危険性は非常に低い。

ただし、アレルギーの研究については進んでいない、ということは頭に入れておきたい。昆虫食は甲殻類アレルギーに似た症状を引き起こす可能性もあるので、この点には注意が必要だ。

昆虫は体がとても小さいことから、加工がしやすいのもメリットだ。そのままの状態で食用とするだけではなく、粉末やペースト状にするのが簡単なので、さまざまな利用の仕方が考えられる。この汎用性の高さに注目し、これまでにない商品を開発しようとしているスタートアップ企業や食品加工メーカーが少なくない。

## 無印良品が徳島大学と開発した「コオロギせんべい」

昆虫を食べる。こう聞くと、いわゆるゲテモノ食いの類だと思う人もいるだろうが、それほど突飛な話ではない。

日本では昔から、農村地帯を中心にハチの子やイナゴなどを食べてきた歴史がある。特に長野県では食文化のひとつとして受け継がれ、水生昆虫のザザムシ（主にトビケラの幼虫）など、ほかの地域では食用とされない昆虫もたんぱく質源としてきた。

しかし、いまの日本で改めて注目されている昆虫は、これまで食べる対象にされてはいなかった。タイなどの東南アジアで、ポピュラーな昆虫食の食材にされてきたコオロギだ。

コオロギが利用されるようになった理由のひとつは栄養価の高さ。時代が求める高たんぱく質低糖質の食材で、１００グラム当たりのたんぱく質の量は60グラムと、牛肉や豚肉などの3倍近い。

雑食性で育てやすいということもメリットのひとつ。昆虫には特定のエサしか食べない〝偏食〟のものも多いが、コオロギの食性は非常に幅広く、廃棄食品を使って飼育する方法も考えられる。

約35日で成虫になるなど、昆虫のなかでも成長スピードが速いのも利点だ。現在、多く利用されているのは、熱帯性のフタホシコオロギという種類。温度管理さえしっかりすれば、年間通して繁殖させることが可能なので生産性も高くなる。

そして、コオロギはじつは味も良く、食べるとエビのような香ばしい風味を感じる。食材とするのだから、この点は何よりも重要な要素だ。

こうした理由から、日本では近年、コオロギの利用が盛んになりつつあるわけだ。しかし、東南アジアの利用法とはまったく違う点がある。それは姿かたちを活かした丸のまま使うのではない、ということだ。

昆虫食に抵抗感がある人は多く、ましてや日本ではもともとコオロギを食べる習慣がない。タイの屋台のように、まるごと唐揚げにしたものが皿に盛られても、圧倒的多数の人は食欲が湧かないはずだ。

そこで、フードテックとしてのコオロギの利用法は、粉末にしたものを使う手法が取られている。最も知られている商品が、大手小売りの無印良品が2020年5月から販売している「コオロギせんべい」だ。当初、ネットストア限定だったが、その後、全国各地の店舗で販売されるようになった。

材料を事前に教えずに、この「コオロギせんべい」を食べてもらうと、多くの人は「エビせん」だと思うという。やはりコオロギの食味はエビに似ているのだ。

無印良品の商品開発に協力し、コオロギの粉末を提供したのは、徳島大学発のスタートアップ企業であるグリラスだ。CEOの渡邉崇人博士は食用コオロギ研究の第一人者。グリラスでは世界最先端のバイオサイエンス技術を応用し、コオロギが日常的な食の選択肢のひとつになることを目指して取り組んでいる。

コオロギの粉末を利用したものでは、ＯＤＤ ＦＵＴＵＲＥ（オッドフューチャー）、バグモなど複数のスタートアップ企業が、たんぱく質豊富なプロテインバーといった斬新な商品を開発。各社、食べやすさを演出するため、チョコレート味や抹茶味にするなど工夫を凝らしている。

栄養価の高さと利用しやすさを兼ね備えているコオロギは、地球が直面する食料難をやわらげる手段になるかもしれない。

## カイコのサナギから作る「シルクフード」とは？

カイコの繭《まゆ》から作られる高級繊維といえばシルク。かつて中国からヨーロッパにつながっていた、長大な交易の路はシルクロードだ。

では、「シルクフード」とは何のことか、知っている人はまだごく少数だろう。シルクフードとはカイコを原料とする食品のこと。昆虫食のスタートアップ企業、エリーによる造語だ。

日本でもカイコを食べる食文化はごく一部にある。日本で最も昆虫食が馴染んでいる長野県では、養蚕業で繭を利用したあと、大量に残るサナギを捨てずに、そのまま甘辛い味付けの佃煮にして食べていた。いまもその食文化は残り、土産物店などで購入することができる。

この食べ方とは異なり、エリーではカイコをそのままの形では調理せず、粉末を使ってスナックやハンバーガーなどに加工する。カイコはほかの昆虫同様に、たんぱく質を豊富に含んでおり、うま味成分もたっぷりで、落花生やナッツのような風味があるとのことだ。

世界に類のないこのシルクフードは、2020年1月から半年間、東京都表参道に期間限定でオープンした販売店「シルクフードラボ」で味わうことができた。

主力メニューのシルクバーガーは1100円。見た目はごく普通のハンバーガーのようだが、なかにカイコが練り込まれており、シルクフードの特徴とされる深いコクと甘みが感じられる一品だったという。ほかにはスナックやスープ、シフォンケーキなども提供された。

その後、シルクフードラボは閉店したが、エリーのホームページから「SILKFOODチップス」というスナックを購入できる。材料はカイコパウダーのほかには、うるち米と植物油脂、食塩だけという。カイコならではのうま味、香ばしさを味わうことができるそうだ。

シルクフードが抵抗感なく受け入れられる時代を目指し、エリーは商品開発に取り組んでいる。

## ユダヤ教で唯一、食べてもいいとされる昆虫がバッタ

日本の農村地帯などで、古くからなじみ深い代表的な昆虫食の対象がイナゴだ。その近い種類であるバッタを使った食品が海外で開発された。

目をつけたのは、イスラエルのスタートアップ企業であるハーゴル。バッタの栄養価の高さに注目し、持続可能な利用の仕方をするために、バッタ農場システムを開発して生産をスタートした。

なぜイスラエルの企業がバッタを利用しようと考えたのか、そこには宗教にもとづく確かな理由があった。

これまでにも何度か触れてきたが、ユダヤ教には食事に関する「コーシャ」という規定がある。イスラム教の「ハラール」フードのようなもので、食べていいものと食べてはいけないものが厳密に区別されているのだ。

コーシャの考え方では、①適切な動物（きよい動物）、②適切な屠殺方法、③適切な調理方法、以上3つの規定を満たしているものだけを食べていいとされている。バッタはコーシャで許されている唯一の「食べていい昆虫」なのだ。

バッタを食べている地域は意外なほど多く、アジアやアフリカ、中東などで古くから食用とされてきた。こうした食文化を見ると、バッタの商品化というのは、それほど突飛な発想ではないのかもしれない。

とはいえ、イナゴの佃煮のような姿かたちがわかる商品では、大きなビジネスにはなりがたい。そこでハーゴルでは、ほかの多くの昆虫食のスタートアップ企業が手掛けているのと同じく、粉末に加工したプロテインパウダーとして打ち出している。

ホームページでは、「昆虫養殖は牛の飼育よりも環境にやさしい」「バッタは食料危機に応える可能性がある」「将来の主食であることが証明されるかもしれません」などとうたっている。

## 魚肉を培養し、3Dフードプリンターで切り身に！

前章では培養肉の開発競争を紹介したが、魚の培養についてもスタートアップ企業の取り組みがヒートアップしている。

培養魚が注目されている背景にあるのは、世界の水産資源の減少だ。国連食糧農業機関（FAO）によると、2015年の水産資源で漁獲量に余裕がある魚種はわずか7％しかない。その一方、獲り過ぎなのは33・1％で、すでに上限近くまで漁獲されているものは59・9％。水産資源のほとんどは、乱獲によって危機的状況にあるのだ。

しかも、近年はマイクロプラスチックによる海の汚染も問題になってきた。魚介類に含まれているプラスチックは、人の体内に入ってもその後排出されるので、あまり深刻になる必要はないともいわれる。しかし、日々の食事で少しずつ蓄積されていく可能性は否定できない。

こうした状況のなか、地球環境にやさしく、しかも人間の健康にもいいという理由から、培養魚が競って開発されるようになってきた。

魚の培養を目指す有力なスタートアップ企業のひとつが、２０１７年にカリフォルニアに設立されたブルーナル。手がける魚種は１種類ではなく、ブリやマグロ、シイラなど多岐にわたる。

２０１９年には培養したブリの試食パーティーを開催。生体から採取した細胞をビタミンや塩、脂質、砂糖、アミノ酸などを含む液体の中で培養し、これを３Ｄプリンターを使って切り身の形に成型した。

この培養ブリは刺身にするのはもちろん、加熱してもバラバラにならないので、揚げたり蒸したり焼いたりすることもできる。試食パーティーの参加者は培養ブリを使ったタコスやビスク（魚介類で作るスープ）、ポケ（生の切り身に調味料や香味野菜、海藻などを混ぜたハワイ料理）に舌鼓を打ったという。

ブルーナルは２０２１年後半にはまずシイラ、次にマグロをアメリカの飲食店などでテスト販売する予定だ。ブルーナルは多くの企業から投資されており、そのなかには住友商事の名もある。日本で培養魚が衝撃的なデビューをする日は、意外なほど目の前に来ているのかもしれない。

## 新しいたんぱく質源として「藻」がクローズアップ

新しいたんぱく質源として、藻に熱い視線が注がれている。藻と聞くと、熱帯魚が泳ぐ水槽でゆらゆら揺れているところを思い浮かべ、こんなものを食べるのか？と首を傾げる人もいそうだ。

しかし、藻の仲間は昔からよく食べられてきた。日本人の食卓になじみ深いワカメや昆布などは海藻、すなわち海の藻。お好み焼きに欠かせない青のりは、アオサやスジアオノリといった汽水域に生育する藻の仲間だ。

藻のなかでもいま注目されているのは、スピルリナという淡水産の一種。聞き慣れないかもしれないが、じつはすごい実力の持ち主だ。たんぱく質を乾燥重量の約70％も含んでおり、これは肉の約3倍に相当する。

非常に栄養価が高いことから、日本スーパーフード協会が特に推奨する「プライマリースーパーフード10」にアサイーやチアシード、ブロッコリースプラウトなどとともに選ばれている。

さらに、WHO（世界保健機関）には「人類の21世紀の最も優秀なたんぱく質源のひとつ」、FAO（国連食糧農業機関）にも「未来の最も理想的な食料資源」と絶賛されている食材なのだ。

このスピルリナを扱っているのが、その名も「タベルモ」という日本のスタートアップ企業。スピルリナは加熱・乾燥させると栄養価の多くを失い、しかもえぐみや苦みが出るという欠点がある。そこで、タベルモでは収穫直後の新鮮なうちに急速冷凍する技術を導入。栄養価がそのままで、風味も保っている状態で販売している。

さらに、タベルモがいま開発に取り組んでいるのが、スピルリナを加工して作る「藻肉」だ。完成したら、肉よりもはるかにたんぱく質を効率良く摂取できる画期的な食品になる。

２０２４年ごろまでには一般に流通できるレベルまで完成度を高める、というのが現在の目標だという。世界で初めて登場する「藻肉」は、どういった形状で、どのような味わいなのだろう。

## 食物繊維たっぷり、菌系体ステーキの開発へ

肉に替わる新しいたんぱく質源の生産については、大きく分けて世界にふたつの潮流がある。ひとつは動物の細胞を増やして作る培養肉。もうひとつが大豆などの植物性たんぱく質を加工する代替肉だ。

このふたつに加えて、最近、これまでにない手法で代替肉を生産するスタートアップ企業が、相次いで現れるようになった。彼らが目をつけたのは、菌類の菌糸の集合体「菌糸体」からなる新しいタイプの代替肉だ。

こうしたいわば「キノコ肉」の生産企業のひとつが、米国コロラド州で２０１６年、

コロラド大学の支援を受けて設立されたエマジーフーズ（ブランド名、ミーティフーズ）。原料となる菌糸体は、キノコの根っこになるような部分と思えばいいだろう。これをステンレス製の発酵タンク内で培養する。

キノコが庭やプランターに生えたのを見たことがある人はわかるだろうが、菌類が成長するのはとてつもなく早い。菌糸体もたったひと晩程度で大量に培養できるので、培養肉などと比べると生産性は非常に高い。

培養して増殖したら、菌糸体から水分を取り除き、味わいを作り出すために天然成分をプラス。工程の最後として、鶏胸肉やステーキに見えるように成型したら出来上がりだ。培養肉は層にして重ねるのが難しいので、ひき肉とするのが通常だが、菌糸体代替肉なら簡単にブロックにできる。

食べた感じは、ほとんど肉に近いようだ。繊維質の多いエリンギの料理を思い浮かべると、肉のような食感がイメージできるのではないか。

エマジーフーズは2022年、この菌糸体代替肉を市場にデビューさせることを目指している。健康志向が高まりを見せるなか、低カロリーで食物繊維たっぷりのこの代替肉は、好評を博する可能性が大だろう。

## 微生物を利用し、二酸化炭素からたんぱく質を作り出す⁉

培養肉や代替肉スタートアップ企業は、独自のテクノロジーを導入して新時代のたんぱく質源を創造している。そうしたなかでも、格別、目を引く技術改革に成功したのがカリフォルニア州を拠点とするキベルディィだ。

キベルディィが開発したのは「エアプロテイン」。動物の細胞も大豆のたんぱく質も必要なく、ただの空気から作り出されるというたんぱく質だ。

技術のヒントは１９６０年代、ＮＡＳＡ（アメリカ航空宇宙局）の取り組みにあった。資源がなく狭い宇宙空間でも食料を生産できないかと、当時のＮＡＳＡは模索。植物が二酸化炭素からブドウ糖を作るように、二酸化炭素からたんぱく質を生み出すことのできる微生物「ハイドロゲノトロフ」を発見した。

キベルディィはこのＮＡＳＡの研究から着想し、たんぱく質を生産するプロジェクトをスタート。ハイドロゲノトロフを利用することにより、二酸化炭素からたんぱく質の粉末を作ることに成功した。このたんぱく質はハンバーガーのパテやシリアル、パスタなどに利用できるとのことだ。

エアプロテインは栄養価が高いことも特筆もの。人間が自分では作り出せない9つの必須アミノ酸をはじめ、不足しがちなビタミン$B_{12}$などのビタミンB群やミネラルが豊富に含まれている。

原料は二酸化炭素と微生物なので、本物の肉や培養肉、代替肉などで気になる農薬や除草剤、ホルモン剤、抗生物質などは使われておらず、遺伝子組換え技術とも無縁だ。温室効果ガスのひとつ、二酸化炭素を原料とするということ自体が画期的。フードテックの先端を行く技術といっていいかもしれない。

空気からたんぱく質を作り出す手法は、フィンランドのスタートアップ企業、ソーラーフーズも開発している。同社が作り出した粉末状のたんぱく質は「ソレイン」と命名。水を電気分解して水素を発生させ、二酸化炭素と水、ビタミン、ミネラルを加えて微生物に与え、たんぱく質を生み出すという手法だ。

ソレインは65%程度のたんぱく質が含有され、ほかに炭水化物や脂肪、ミネラル、カロテノイドなどが含まれており、エアプロテインと同様に栄養価が高い。どちらも地球環境にやさしい未来の食品として伸びていきそうだ。

## ミドリムシを使った宇宙食の開発も進行中

藻の有効利用といえば、東京大学の研究から生まれた老舗スタートアップ企業、ユーグレナを忘れてはいけない。ユーグレナとは微細藻類（植物プランクトン）の一種、ミドリムシの学名。２００５年、世界で初めてこのミドリムシの食用野外大量培養に成功したのがユーグレナだ。

よく知られているように、ミドリムシは一般的な植物プランクトンとは違った性質を持っている。植物のように光合成でエネルギーを得る一方、べん毛を使って動物のように動き回ることができるのだ。

植物と動物、どちらの性質も持つことから、含まれている栄養素もじつに多彩。野菜が持つビタミンやミネラルはもちろん、動物の体にあるDHAやEPAといった不飽和脂肪酸も備えている。その栄養素は計59種類。体には細胞壁がないので、これらの栄養をすぐに吸収できるのも、食用とするのに適している。

ユーグレナはこのミドリムシを使って、さまざまな健康食品やドリンク類、菓子などを開発してきた。食用だけではなく、酸素のない状況下では体に油を蓄えるという性質を利用し、次代のバイオ燃料を作ることを目指した研究も進めている。

このユーグレナが近年取り組んでいるのが宇宙食。ミドリムシは狭い場所でも生産できるうえに成長も早く、適した環境下では1日に2倍に増える。また、地球外では強烈な宇宙線（放射線）が降り注いでいるが、ミドリムシは放射線に強いので、宇宙でも問題なく育つと見られている。宇宙食の素材として申し分ないのだ。

月旅行を楽しみながら、月面基地で生産したミドリムシ入りのスープを味わう。こうした時代に向けて、ユーグレナは研究開発を続ける。

# 第4章

# 「農」と「テクノロジー」が融合する未来図

## 人材不足を一気に解決へと導く「スマート農業」

２０１９年、元号が「平成」から「令和」へと変わった。同時に、農業の世界でも新時代「スマート農業」の元年を迎えたといわれる。この年、農林水産省がスマート農業に関連して、50億円を超える予算を初めて計上したからだ。

ロボットやＡＩ、ＩｏＴといった先端技術を活用した農業が「スマート農業」。この章では広い意味での食品関連業界のひとつ、農業におけるフードテック、スマート農業がどういうものなのかを見ていこう。

日本でスマート農業が推進されているのは、農業が大きな変革期を迎えているからだ。その背景にあるのは、深刻な人手不足。農業従事者は随分以前から減り続けており、近年はその傾向が一層著しい。２０１５年には農業を主な仕事とする個人は１７６万人だったが、２０２０年には１３６万人にまで減少。わずか5年間で4分の１近くも減っている。

しかも、大きな問題なのは高齢化が止まらないことだ。２０１５年の時点でも65歳以上が64・9％もいたが、２０２０年には5％近くもアップし、69・8％を占めるまでになった。「高齢者」と呼ばれない年齢の人は、10人中3人しかいないのだ。

人手不足と高齢化を補うため、近年、国は外国から人材を積極的に受け入れてきた。この国策によって、２０１４年からの5年間で農業に従事する外国人は倍増する。ところが、２０２０年に新型コロナウイルスによるパンデミックが発生。コロナ禍に伴う入国制限により、外国人の受け入れができない状況に陥ってしまった。日本の農業において、労働力不足はかつてないほど深刻化している。

ほかの産業と比べて、農業は人手に頼る作業が非常に多い。日本の農地は一般的に、米国やオーストラリアなどのように広くないことから、機械化を進めるのが難しい。このため、ひとつひとつの作業がどうしても人手に頼ってしまうのだ。

また、農業はマニュアルがあれば誰にでもこなせる仕事ではない。水や肥料の与え方、土作りの仕方、病気や害虫の防除などについても、積み重ねた経験が大きくものをいう。これらの点が新規参入を一層難しくし、ますます人手不足が深刻化するという悪循環になっている。

こうした人手不足や熟練性など、農業が抱える問題点を解決しようとするのがスマート農業だ。人手不足についてはロボットやドローンなどを導入し、作業を自動化することによって解消できる。熟練性が必要だった部分は、作業データを記録してデジタル化すれば、初心者でも生産性を上げられる。ＡＩ解析などを利用すれば、さらにレベルの高い農業経営が可能になる。

近い将来、スマート農業は日本の農業を変えるだろう。いや、変えることができなければ、日本の農業に未来はないといってもいいかもしれない。

## 「ロボットトラクター」導入で労力が飛躍的に減少

早春、水を張る前の田んぼを、運転席に人を乗せていないトラクターがごとごと走り、確実に土を耕していく――。こうした画期的な風景は未来のものではなく、いま現実にあることを知っているだろうか。

ヤンマーなどの大手農機具メーカーは２０１８年、ロボットトラクターの販売を開始し、日本のスマート農業が新たな大きな一歩を踏み出した。農業にロボット農機を導入すれば、労力が大幅に小さくなり人手不足を補えるのはもちろん、毎年、後を絶たない作業中の不幸な事故を防ぐことにもつながる。

ロボット農機には、大きく分けて3つのレベルがある。最初の段階は自動運転。人が乗った状態で、田畑を自動走行できる能力だ。

トラクターの運転は難しく、熟練者でも耕すときに幅数10センチほどはズレてしまうことが多い。これに対して、自動運転はＧＰＳ機能で制御されているので、誤差が5センチ以内に収まるという。トラクターのほか、田植え機やコンバインもこのレベルをクリアしている。

次の段階は人が監視しているなかで、人が乗らずに自動運転ができる性能だ。トラクターはこのレベルに達しているが、田植え機やコンバインはまだ開発が進んでいない。このレベル2のトラクターは、最初にどこから耕すかを人が乗って決めれば、あとはリモコンによる遠隔操作で作業を行える。

目標とする最終段階がレベル3。人が乗らない遠隔操作ですべてを行うことだ。現場で農作業をするだけではなく、農家から無人運転で出発し、農道などを安全に走行して田んぼや畑へ行く。そして無人で黙々と働き、作業を終えたら帰ってくるという究極の性能だ。

ヤンマー、クボタ、井関農機といった農機具メーカーのロボット農機開発競争はし烈化し、レベル2の性能をブラッシュアップしつつ、レベル3の技術の実現に向けて挑んでいる。

## AI搭載「自動収穫ロボット」が完熟果実を選んで収穫

いま研究が進んでいるスマート農業の新分野が自動収穫ロボット。パナソニックなどの大手メーカーから、ロボット農機に特化したスタートアップ企業まで、さまざまな企業が開発競争を繰り広げている。

農作業のなかでも、多くの人手を必要とするのが収穫作業。全体の作業時間の5分の1以上が収穫に費やされているともいう。この労力のかかる部分にロボットを導入すれば、農業はぐっと楽になり、大きな問題になっている人手不足に対応できる。

自動収穫ロボットのなかでも、特に研究が進められているのが施設園芸のトマト栽培だ。開発初期の段階では、ロボットが移動するにはレールなどを敷く必要があったが、その後研究が進み、地上を自動で走行できるようになった。

収穫するには、果実が熟しているかどうかを判断しなければならない。通常は人間が目視により、経験や知識と照らし合わせて行う。これに対して、ロボットは画像認識装置でデータ処理し、収穫可能かどうかを判断する。

パナソニックが開発中のロボットの場合、人間が事前に収穫の基準となる「色見本」を設定し、ロボットがこの指示に従う仕組みになっている。色見本は自由に変更可能。たとえば、完熟少し前のものも摘んで収穫量を多くしたい場合は、真っ赤ではなくてやや緑色を帯びた色を指定すればいい。夜でもフラッシュを使って撮影し、昼間と同じように認識して収穫を続けられる。

画像認識には赤外線画像も使うので、葉や茎に隠れて見えない果実もチェックできる。また、対象までの距離を把握する画像により、収穫の順序や最適な収穫経路などを判断し、より効率的な収穫を実現する。

収穫の仕方はメーカーによって異なり、刃物で切断するほか、人の手でもぎ取るように行う方法も開発されている。

人間は2~3秒で1個を収穫できるが、パナソニックのロボットはいまのところ6秒に1個程度。しかし、人間はせいぜい1日に3~4時間しか作業できないのに対して、ロボットは10時間以上連続して稼働可能。労力を補うには十分の性能だ。

海外では自動収穫ロボットがすでに導入されているが、日本ではまだ開発途上。完成品が発表されたら、大きな話題を呼ぶのは間違いないだろう。

## ハウスに「水やりロボット」を導入。農業がぐっと楽に!

会社員はほとんどが週休2日。しかも、夏季やゴールデンウイーク、年末年始には長期休暇があり、そのうえ有給休暇も取得できる。これに対して、農業はなかなか休めない、しんどい仕事……。

こうしたイメージを吹き飛ばそうと、「農業に休日を！」というキャッチコピーで売り出した斬新なＡＩ搭載システムがある。２０１７年度の第4回日本ベンチャー大賞で「農業ベンチャー賞」を受賞したゼロアグリだ。

ゼロアグリはスマート農業システムを提供するルートレック・ネットワークスが、明治大学との共同研究によって開発した。ハウス内の土の中に点滴チューブを張り巡らせ、水やりや液肥の追加を自動的に行うシステムだ。

水やりや液肥を与えることは肉体的に大変な作業なので、これまでも自動水やり装置がよく利用されてきた。水やりや液肥のタイミング、与える量などは人間が考えて設定。装置はその設定通りに作業する、というシステムだ。

これに対して、ゼロアグリはハウス内に設けられた各種センサーにより、日射量や土壌水分量といった情報を細かく入手。これらをクラウドのＡＩが分析し、最適な水やりや液肥のタイミング、量などを決定して実行してくれる。

このゼロアグリを導入すれば、水やりと液肥を与える作業時間を大幅に短くすることができる。経験に裏打ちされた〝プロの技〟は必要ないので、農業に新規参入しやすくなるのもメリットだ。

施設栽培でAIを駆使するスマート農業については、さまざまな開発が進められており、イチゴやトマトなどで実績も多い。作業が楽になり、休みも取れる。農業のイメージを一新するかもしれないイノベーションとして期待は大きい。

## 「アイガモロボット」が米の有機栽培をサポート

米の無農薬・減農薬栽培で行われる「アイガモ農法」を知っているだろうか。水を張った水田にアイガモのヒナを放ち、害虫や雑草を食べてもらう農法だ。なかでも重要なポイントが、泳ぐときに水かきのある足を大きく動かすことだ。この動きによって、底から泥が立ち昇って水が濁り、雑草が光合成をしにくくなる。

一方、デメリットもあって、イタチなどの外敵に襲われるかもしれず、またアイガモ自身が田んぼから脱走してしまう事態も考えられる。米を収穫したあとの成長したアイガモの処理も問題だ。お役御免……と肉も販売するのがベストだが、解体してくれる食肉処理場は少なくなっている。だからといって、そのまま放置するのは法律違反。これらクリアすべき要素が多く、アイガモ農法はさほど広まっていない。

とはいえ、優れた栽培システムであることは確かだ。そこで近年、「アイガモロボット」を利用した、スマート農業としてのアイガモ農法の研究が進められている。

２０２１年５月、山形大学農学部の附属農場でデモンストレーションを実施したのは、農業用ロボット開発企業の「有機米デザイン」が製作したアイガモロボット。90センチ×１２０センチで、高さ20センチの箱型。特殊なスクリューで水を攪拌《かくはん》し、水を濁らせながら、自動でゆっくり走り続ける。

動力は箱の屋根に当たる部分に取りつけられた太陽光パネルで得られる電力だ。操作は携帯端末から行い、〝泳ぐ〟範囲はＧＰＳで指定する。

このアイガモロボットはこれまでに全国11都県で実証実験を行っており、雑草の発生をほぼ抑えられたという。さまざまな条件のもとでも同じような性能を発揮できるのか、今後も実験によってデータを積み重ねていき、数年後に販売することを目指している。

無農薬栽培農家の水田で、アイガモならぬアイガモロボットが当たり前に働く時代が来るのだろうか。

## 都会のど真ん中でも野菜作りができる「植物工場」

野菜は太陽の光が降り注ぐ露地で、あるいは温度や水分を調整しやすいビニールハウスの中で、人が労力をかけて育てるもの。こういった常識は、もう通用しない時代になってきた。従来の農業からかけ離れた「植物工場」が日本でも増えてきたのだ。

農業のカテゴリーとしては、植物工場は施設園芸の一種。施設園芸はハウスなどの施設内で、光や温度、湿度、二酸化炭素、水分、養分などを制御して栽培する。なかでも環境や生育をデジタルデータでモニタリングして、より高度に環境をコントロールし、生育の予測を立てて計画的な周年栽培ができるものを植物工場という。

光合成で必要とされる光については、太陽光をそのまま当てるか、ＬＥＤライトや蛍光灯を利用する。日本の植物工場では、後者の人工光型が主流だ。栽培の仕方は、化学肥料を溶かした水を利用する水耕栽培が多いが、土または何らかの培地を敷いて、養分をチューブで与える方法もある。

植物工場のメリットは多い。外部と遮断された施設内で栽培するので、天候や温度などに左右されない。しかも害虫が侵入せず、病気の原因も排除されるから、無農薬で栽培できる。生育環境を高度に制御するので、形や色、味、含まれる栄養などを一定に保つことも可能だ。

厳密に管理されたなかで行われるという意味では、植物工場での栽培は「農業」というよりも「工業」に近いかもしれない。実際、大規模な植物工場は、まるで食品メーカーの工場のようだ。工場内に入るには、厳重な衛生服を身につけて、エアカーテンを潜り抜けて入らなければならない。髪の毛1本、ほこりひとつも持ち込まないように、徹底的に衛生管理されている。

植物工場で育てられるのは葉物野菜がメイン。人工光型の植物工場は消費電力が大きいため、強くない光量のもとでも成長が早く、しかも可食部が多い野菜がいい。こうした条件を満たすのがリーフレタスで、植物工場で栽培される野菜の90%以上を占める。リーフレタスのほかには、各種レタスをまだ小さいころに収穫し、ベビーリーフとして販売することが多い。

植物工場で栽培された野菜は、どこで販売されているのだろうか。スーパーの野菜に「○○植物工場産」といった表示がついているのを見た覚えがないのだが……と疑問を感じる人がいるかもしれない。

じつは、植物工場産の葉物野菜は一般の小売店などには流通しておらず、最終的にコンビニや機内食、外食チェーン店のサラダなどに利用されている。それとは知らず、食べたことがある人も多いはずだ。

## 用途さまざまな「ドローン」が開拓する新時代の農業

スマート農業で主役を担う最新機器のひとつがドローンだ。もともと軍事用に開発された自律無人機で、遠隔操作や自動制御によって飛行する。

ドローンは２０１６年以降、農業分野で急速に活用されるようになった。２０１７年3月から翌年末までの間に導入台数が6倍強、操縦できるオペレーター認定者が約５・５倍に急増。現在も農業分野への導入は増え続けている。

ドローンは大きさがコンパクトで軽量なので、１人で軽トラックの荷台などに楽に載せられる。騒音が少ないので、住宅地に近い田畑で利用しても問題はない。ほかにも、小回りが利くため山が迫る複雑な地形の地域でも飛ばせるなど、メリットがたくさんあるのだ。

ドローンが最も活用されているのは農薬の散布。空中から散布する場合、以前は主に無人（ラジコン）ヘリコプターが使われてきた。ドローンはこれよりも小型で、価格が安く、手軽に使える。もちろん、人間が歩きながら散布することと比べたら、労力は比べものにならない。

ＪＡ鹿児島県連で実施されたケースでは、ドローンを使って農薬を散布すると、１ヘクタール当たり15分から30分程度で作業が終了した。動力噴霧器を背負って行うと、同じ面積で約2時間もかかる。ドローンを一度でも試したら、もう自分で作業をする気にはならないだろう。

　害虫がいる場所をピンポイントで攻められるのも、ドローンならではのメリットだ。前もって田畑の上を飛行させて、全体を撮影。その画像をＡＩが解析して虫食いなどを発見し、害虫がいる位置を特定する。そして農薬を積んで再度飛行し、害虫に向けてピンポイントで農薬を散布できる。この方法によって、農薬の使用量を10分の1程度に抑えることが可能だ。

　国もドローンの普及を推し進めており、農薬散布については、２０２２年までに日本の耕地の約４分の１に当たる１００万ヘクタールに拡大することを目標にしている。ドローンは肥料の空中散布、すき込んで肥料にする緑肥作物の種まき、果樹を受粉させるための花粉養液の空中散布、傾斜地が多い茶畑での収穫物の運搬など、ほかにもさまざまな作業に導入されている。

　直接的な農作業ではないが、害獣駆除に関する利用も普及しつつある。イノシシやシカは日が暮れてから活動が活発になるので、棲息状況の調査がしにくい。そこで、ドローンに赤外線カメラを搭載し、夜に飛行させて空中から撮影。その空撮画像を

ＡＩで解析して生息状況をマッピングし、害獣駆除に活用する。

ドローンの活用については官民協議会が結成され、農林水産省のホームページ内に常設されたサイトで、最新の取り組みなどを知ることができる。新時代の農業において、ドローンはさらに多様な面で活躍していくはずだ。

## 農業とテクノロジー、究極の未来像は「宇宙農業」

「農業×テクノロジー」を推し進めた究極の到達点は、月面などの「宇宙農場」だろう。その未来像は宇宙航空研究開発機構（ＪＡＸＡ）と東京理科大、千葉大学、キリンホールディングス、竹中工務店の産学連携で行った共同研究が明らかにした。

宇宙での長期滞在を考える際、重要な問題になるのが食料をどう調達するかだ。地球から大量に持っていくのは予算がかかり過ぎるので、現地で生産するのがベスト。しかし外気圧がほぼゼロの環境のなか、水を大量に使用できない、病害虫は絶対に発生させてはいけない、といった厳しい制約をクリアしなければならない。

共同研究では、キリンが開発した袋型の培養槽を採用。麦やホップに関する研究の一環として開発した技術で、組織培養して効率良く大量に増殖する。

ポイントは袋の内部で水を循環させることで、水を有効に利用できる。小さな袋はクリーンな状態にしやすく、ウイルスや病原菌が入り込む心配もない。袋は小型のため、月面などの宇宙に滞在する人数に合わせた小ロット生産が可能だ。

ただ問題がひとつあった。コスト面を考えると、栽培スペースが入る建物はさほど頑丈にはしないで、内部の気圧を低く抑えたいことだ。

低気圧の環境下で、植物がうまく育つかどうかはわからない。そこで千葉大学にある低気圧環境を保つ培養装置で、レタスやジャガイモ、大豆などを試験的に培養。栄養成分などを検査したところ、通常の環境下と同様だとわかった。月面でも十分、栄養を生産してくれそうだ。

袋型培養槽の持つ可能性は大きく、栽培不適地での食料生産など、まったく新しい農業のスタイルにつながるかもしれない。

# 第5章

# 世界が注目！日本の魚生産イノベーション

## 世界が「魚食」に目覚め、水産資源の争奪戦が始まった！

近年、世界各国で魚の人気が高い。要因のひとつは、肉類を主なたんぱく質源としてきた欧米などの国々が健康志向になってきたことだ。肉を生産する畜産が地球環境に負荷をかけている事実も、嗜好の変化に少なからず影響を与えている。

新興国の生活水準が向上してきたことも、魚の消費拡大と関係性が強い。経済が発展して生活に余裕ができると、炭水化物の多い食品からたんぱく質が摂れるものへと、食生活の移行が進むからだ。

50年前と比べると、中国では魚を約9倍、インドネシアでは約4倍も食べるようになった。世界の国々は「魚食」に目覚めてしまったのだ。

世界的に魚の需要が増えているなか、水産物の資源管理が問題になっている。漁獲量自体は落ちていないが、以前は獲らなかった魚まで獲るようになった。要するに獲り過ぎで、魚の多くは資源枯渇の危機にある。

世界の水産資源の調査によると、以前は増やすことのできる魚種よりも、乱獲されている魚種のほうが少なかった。だが、１９９４年に双方がちょうど同じ割合になり、以降は乱獲されている魚種のほうが常に多くなっている。

日本近海の水産資源はさらに問題で、漁獲量が減り続けている。日本はかつて世界一の漁業大国で、１９８４年には１２８２万トンという史上最高の漁獲量（養殖を含む）を記録した。しかし、その後急減。２０２０年にはピーク時の3分の１以下である４１７万トンまで減り、世界第10位に順位を落としている。

日本の漁獲量が減少しているのは、アジアの近隣の国が日本近海まで進出して漁をしているからではないか、と思う人がいるかもしれない。そうした事実も確かにあるが、根本的な問題はほかに存在している。

欧米などの国々は１９７０年代後半から、自国近くの海域で漁業が長く続けられるように水産資源を管理してきた。ところが日本の資源管理の仕方は非常に緩い。

象徴的なのが、魚の種類ごとに漁獲可能量を取り決める「ＴＡＣ法（海洋生物資源の保存及び管理に関する法律）」に関する取り決めだ。たとえば米国では約５００種も対象になっているが、日本の場合はわずか8種。しかも、具体的な漁獲量については漁業者の経営状況などが配慮され、しっかり機能しているとはいいがたい。

日本では長年、漁業振興が資源管理よりも優先されて、その結果、魚を獲り過ぎてしまったのだ。近海には魚がいない。世界的に見ても魚は減っていく。こうした危機的な状況のなか、魚をいままでのように供給するにはどうしたらいいのか。

これからの漁業を救う切り札になるのは養殖だ。世界の漁獲量は1980年代後半あたりから頭打ちになっている一方、養殖は1990年代半ばごろから生産量が増え続けている。2018年には世界の養殖を含む漁獲高は1・79億トンあった。そのうち、養殖によって生産されたものは8200万トンを占める。世界の人々が食べている魚の半分近くは養殖で賄われているのだ。

魚は天然ものに限る。養殖ものは味が落ちるし、抗生物質なども気になる。こう考える人は、いまでも少なくないかもしれない。しかし、近年は養殖技術が進んで、より健康な魚を生産できるようになり、味の面でも天然ものと遜色ないものが増えてきた。漁業を持続的に行っていくためには、養殖に力を入れるべきなのは明らかだ。

この章では漁業を支える養殖の世界で、どのようなイノベーションが起こっているのか、あるいは起こりつつあるのかを見ていこう。

## 世界を驚かせた奇跡の完全養殖「近大マグロ」

資源の枯渇が心配される魚種のなかでも、格別気になるのがマグロだろう。日本人は本当にマグロ好きで、世界で消費されている全体量の８割も胃袋に収めている。長い間、世界の海で乱獲されてきた結果、マグロは激減した。

近い将来、マグロが食べられなくなる……。こうまことしやかに囁かれるなか、期待を持たせてくれるのが養殖マグロだ。ただ、養殖とされるマグロの多くは完全な形での養殖ではない。卵を孵化させるわけではないからだ。

一般的なマグロの養殖は、海で捕獲した幼魚を使う。他の魚種でも行われているが、小さなうちに大量に捕獲すると、少ない資源をさらに追い込むことになりかねない。そこでクローズアップされるのが、卵を孵化させるところから始める完全養殖だ。世界を驚かせた「近大マグロ」の取り組みを紹介しよう。近畿大学がクロマグロの完全養殖に向けた研究を始めたのは1970年。しかし想像以上に難しく、2002年の実現までに32年もの歳月を必要とした。

初めて産卵に成功したのは9年目の1979年。それからも無産卵の年は多く、2003年になってようやく毎年産卵するようになった。受精卵が水面に浮かぶとこれを採集し、陸上の水槽に入れて孵化を待つ。産卵後、約32時間で孵化し、長さ2～3ミリの仔魚《しぎょ》（ヒレなどが完成していない赤ちゃんの魚）になる。

完全養殖で最も困難なことのひとつが、この仔魚を次の段階の稚魚（親と同じ形の子どもの魚）に育てることだった。当初の生存率はわずか0・1％程度。仔魚はまだ思うように泳げない。このため、エアーポンプによる水流によって押し上げられ、表面張力で水面にくっつけられ、動けなくなって死ぬ「浮上死」が続出した。

そこで油を入れて表面張力をなくすようにした。ところが、この油膜がもうひとつのトラブル「沈降死」を引き起こしてしまう。仔魚はまだ浮袋が閉じている。浮袋を膨らませるには、孵化後、空気を吸う必要がある。だが、油膜があると空気を吸えず、沈んで底と接触して死んでしまうのだ。これを防止するため、仔魚が空気を吸うところに油膜をいったん取り除き、その後再び油を加えるようにした。

こうした試行錯誤の繰り返しによって、仔魚の生存率は少しずつ向上。現在では約10％近くが稚魚に成長できるようになっている。

海上の生け簀《す》に移してからも、悩みは尽きなかった。最も大きなトラブルは「衝突死」だ。マグロは暗い中ではあまり目が効かない。夜間に車のライトが海に届くと、驚いて生け簀に衝突して死んでしまうのだ。これを防ぐ策として、車のライトが当っても急に驚かないように、夜間にも照明をつけて明るさを確保した。

奇跡ともいわれた、世界初のマグロの完全養殖。気になるその味わいは、近畿大学発のベンチャー企業、アーマリン近大直営の大阪店、銀座店などで試すことができる。

## 水産庁の研究機関は、完全養殖ウナギの商業化を目指す

２０１４年、国際自然保護連合（ＩＵＣＮ）によって、ニホンウナギは「絶滅危惧

ⅠB類」のレッドリストに掲載された。これはラッコやジャンアントパンダなどと同じランクで、絶滅危惧種のなかでも2番目に危機度が高いことを示す。

ウナギが激減するなかでも、シラスウナギの漁は依然行われている。天然ウナギが幻の存在になったいま、一般の人たちがうな重やうな丼を食べるには、シラスウナギを養殖して成魚にするしか方法がないからだ。

だが、シラスウナギの減少も著しい。1976年には約73トンの漁獲があったが、2019年には約3・7トンしか獲れなかった。2020年には約17・1トンと増加したが、これで資源が回復したとみる研究者は皆無だ。

持続的にウナギを利用していくには完全養殖しか道はない。シラスウナギから成魚にする養殖技術は確立されているので、重要なのはいかに受精卵を手に入れ、これを孵化させてシラスウナギに育てるかだ。

じつはウナギの完全養殖は、すでに10年以上前に成功している。1973年に北海道大学で人工孵化、2010年に水産研究・教育機構（当時は水産総合研究センター）が研究室での完全養殖に成功した。

しかし、いまも民間の養殖場で実用化するにはいたっていない。ウナギを成熟させて卵を作らせるのが非常に難しい、採卵しても孵化率が悪い、孵化した仔魚の期間がとても長い、仔魚はエサの選り好みが激しい、しかもエサが多く必要でコストがかかる、といったさまざまな問題点があるからだ。

ウナギを効率良く完全養殖し、ビジネスベースに乗せるのは至難の技。この難問に挑戦している研究機関のひとつが近畿大学だ。近大といえば完全養殖マグロが有名だが、その開発のずっと以前から日本の養殖産業を支えてきた。近大の水産研究所が人工孵化から種苗（養殖される小さな魚）生産に世界で初めて成功した例は、ヒラメやブリ、カンパチ、ヒラマサなど18種にのぼる。

この近大が２０１９年から水産研究・教育機構の技術情報をもとに、本格的にウナギ養殖の研究に挑んでいる。同年、早くも人工孵化に成功。生まれた仔魚の約20尾が50日間生き残り、約2センチにまで成長した。近大では早ければ3年で完全養殖技術を確立し、4年後には飲食店で提供することを目指している。

ウナギ養殖の技術をリードしてきた水産研究・教育機構も、完全養殖を商業ベースで実現できるように急ピッチで研究を進めている。

2019年には人工孵化させて育てたシラスウナギを民間の養殖場に委託。1尾250グラムサイズにまで育ったものを蒲焼きにして、水産庁で試食会を行った。見た目も味も一般的な養殖ウナギと変わりない、と評判は上々だった。

水産研究・教育機構では養殖技術に加えて、品種改良に関する研究も進めている。従来よりもさらに脂ののったトロウナギ、といった新タイプがデビューするときが来るのかもしれない。

## カツオ大好き高知県が、産学タッグでカツオ養殖に挑戦中

カツオを「県の魚」に認定しているのが高知県だ。高知県民は本当にカツオが好きで、都道府県庁所在地と政令指定都市で比較した1人当たりの年間カツオ消費量では高知市が断トツの日本一。2位の仙台市の約2倍、3985グラムを消費している(※総務省統計局の家計調査、2017~2019年平均)。

カツオを愛してやまない高知県ではいま、「カツオの完全養殖」という前例のない試みに挑戦している。産学連携による3年がかりの共同研究で、２０２０年に県の補助金を受けてスタートした。「産」は地元の工作機械メーカーで、養殖用稚魚の生産も行っている山崎技研。「学」については病原微生物学などを専門とする、高知大学大学院の大嶋俊一郎教授が担っている。

カツオは養殖の対象にされたことがない。飼育しても生け簀に衝突してすぐに死ぬだろう、と考えられていたからだ。実際にはどうなのか。まずは成魚のカツオ30匹を容量50トンの大型水槽に入れてみた。すると、危惧したところとは違って、衝突死は問題にならなかった。ところが、カツオたちはエサを食べなくなって弱っていく。１匹、また1匹と死んでいき、たった1か月ほどで水槽は空になってしまった。

この失敗を受けて、短期間で全滅したのはストレスが原因ではないか、という仮説が立てられた。カツオの気に障ったと思われたのは、水槽の壁に描かれてあった赤い格子状の目立つ模様。これは近大マグロの養殖でも、衝突防止のために描かれている。「ここに壁がある」と認識させることで、衝突を防止しようというものだ。

この仮説を受けて、格子柄のある水槽とない水槽に分けてカツオを入れてみた。すると、格子柄のない水槽に入れたカツオのほうが明らかに元気を保ち、エサの食いも落ちない。仮説は正しく、衰弱死の原因は格子柄によるストレスだったのだ。世界初のカツオ養殖に向けて、研究は一歩前進した。

一方、大嶋教授は2020年春、研究室の水槽内での実験で、カツオの卵の孵化に成功した。この孵化した仔魚を稚魚にし、さらに大きく育てて脂たっぷりの養殖トロカツオとして出荷するのが目標だ。さらに一部の成魚は残して産卵させ、これを孵化させて……というぐるぐる回るサイクルで、完全養殖のカツオ生産を目指す。近大マグロという大先輩に続けと、プロジェクトメンバーはデータを積み重ねている。

## ブリとヒラマサのいいとこ取り、「ブリヒラ」とは？

ブリとヒラマサは、同じスズキ目アジ科ブリ属の魚。姿形はよく似ているが、味わいはやや異なっている。ブリは旬である冬場を中心に、脂がたっぷりのっていて、味わいも抜群だ。一方、ヒラマサはブリほどの脂ののりやうま味はないが、身が締まっており歯ごたえがいい。

どちらがよりおいしいと感じるのかは、好みの問題だ。ただ、なかにはこう思う人がいるかもしれない。ブリのように脂がのっていて、ヒラマサみたいに身の締まっている魚がいたら最高なのに……。

こうした人に、朗報をお届けしよう。まさにブリとヒラマサの〝いいとこ取り〟をした魚が存在するのだ。その名を「ブリヒラ」という。

ブリヒラは近畿大学の水産研究所が開発した養殖魚で、ブリとヒラマサを掛け合わせて作り出した。双方はごく近い仲間なので、じつは自然界でもごくまれに自然交配することがある。

近大によるこの試みは、それぞれの短所を補えるのではないかと考えられて行われた。冬場のブリは脂ののりが最高だが、夏場にはこれが同じ魚かと疑うほどにやせてしまう。また、血合いの色がすぐに変わりやすいのも欠点だ。一方、ヒラマサは成長が遅く、出荷するまでにブリの倍近い3年ほどもかかる。

誕生したブリヒラは、まさにこうしたブリとヒラマサの短所をなくし、長所を残したハイブリッドになった。冬場の脂ののりはもちろん、夏場でもそこそこ太って味が良く、身が締まって歯ごたえがある。しかも、血合いが変色しにくくて見栄えがいい。そのうえヒラマサとは違って、1年半ほどで大きく成長するので価格も抑えられる。

ブリヒラは1970年、ブリのメスとヒラマサのオスを使って開発された。当時はそれほど話題にならなかったらしいが、いまは斬新な食材が注目を浴びるフードテックの時代。最近になって、急に脚光を浴びるようになった。

ブリヒラに注目したのは、主に関東圏に出店しているスーパーチェーンのベイシア。近大の関連会社と2017年に提携し、18年に1000匹を試験販売。19年に1万5000匹、20年には2万匹と販売量を増やしてきた。ベイシアでの販売が伸びると、ほかの小売り業者からも販売したいという声があがるかもしれない。

近大が作り出した新しいタイプの魚には、「クエタマ」というものもある。同じハタ科のクエとタマカイの交雑魚だ。

クエは本州中部以南の日本沿岸に生息する白身の高級魚。脂がのっているにもかかわらず、とても上品な味わいで、食通からの評価も高い。天然物はとても希少な存在で、養殖ものが多く出回っている。しかし、成長するのが遅いという欠点があり、出荷サイズの2キロになるまで4年から6年ほどかかる。

これに対して、タマカイは熱帯性の魚。味はクエに似ていて、東南アジアでは高級魚として知られている。大きなものは体長2メートル、重さ200キロにもなる巨大魚で、クエよりもずっと成長が早いのが特徴だ。

近大では2014年、クエの卵とタマカイの精子を使って人工授精し、稚魚から育てたところ、クエの倍以上の早さで成長した。肝心の味はクエに劣らず、刺身や鍋料理に向いているという。

近大は以前から交雑魚の研究に取り組んでいる。異なる魚種を掛け合わせることにより、好ましい特質を受け継ぐことを期待しての研究だ。1964年にマダイとクロダイを交配したのを皮切りに、イシダイとイシガキダイを掛け合わせた「キンダイ」など、数多くの交雑種を生み出してきた。

今後、時代が追いついてスポットライトを浴び、表舞台に出てくるものがいてもおかしくない。また、新たな研究成果が注目されるかもしれない。次にブレイクする個性的なハイブリッド魚は何だろうか。

## 魚は海ではなく、陸上で養殖する時代が到来！

日本では以前から、ブリやタイなど多くの魚の養殖が広く行われてきた。穏やかな湾内に生け簀を設け、魚を入れて成長させることを基本とする。だが、古くから行われてきたこの養殖方法は、台風などの自然災害によって被害を受けやすい。また海中にはウイルスや細菌が多く、魚の全滅にもつながる赤潮の発生もあるので、これらの感染防止や早期発見に努めることも求められる。

この海上養殖に対し、漁業におけるフードテックのあり方として、特に日本で注目されているのが陸上養殖だ。海水魚を陸上で養殖することなんかできるのか？と首を傾げる人もいそうだが、いまでは日本各地で行われるようになっている。

大きく分けて、陸上養殖にはふたつの方法がある。ひとつは「掛け流し式」といわれるやり方だ。水槽を海から近いところに設置し、海水をポンプで継続的に取水して水槽に入れ、汚れた水を排水する。一般的な海面養殖の生け簀を陸に上げたシステムで、管理しやすく自然災害にも強いが、ウイルスや細菌が入り込む恐れはある。

もうひとつの陸上養殖は、水族館で採用されている「閉鎖循環式」というシステム。人工的な海水を水槽に入れ、循環させながらろ過槽で浄化して利用する。近年、より注目されているのはこちらの方法だ。

水を循環させると水温や水質をコントロールしやすく、天然の海水を使用しないのでウイルスや細菌などが浸入する恐れもない。病気になりにくいので抗生物質なども必要なく、健康な魚を提供できる。エサの食べ残しや排泄物で海を汚すこともなく、環境にもやさしいと、いいこと尽くめなのだ。立地は海の近くである必要はなく、内陸のどこでも養殖を手掛けることができる。

新時代の採算の取れる漁業として、陸上養殖は水産会社だけではなく、他業種の企業からも熱い視線を浴びるようになった。そうしたなか、ひと際個性的な取り組みを見せているのがＪＲ西日本だ。

鳥取県が開発した地下海水を利用した陸上養殖に着目し、2015年に参入した。生産する魚種はマサバ。陸上養殖ならではのメリットで、水槽に寄生虫のアニサキスが浸入しないため生食することができる。〝虫〟がつかないように大事に育てたという意味合いから、この陸上養殖サバは「お嬢サバ」と名づけられた。高付加価値のマサバとして、2018年から販売されており、安心して食べられると好評だ。

JR西日本ではこの「お嬢サバ」のほか、山口でトラフグ、広島でカキとクルマエビ、富山でサクラマス、鳥取でヒラメの陸上養殖にも乗り出している。

## 魚と一緒に植物も生産。新しいスタイルの陸上養殖も

立地条件に関係なく、内陸でも市街地でも水産物の生産ができる閉鎖循環式の陸上養殖。その一歩進んだ未来形の技術革新として、魚と植物を同時に育てる動植物複合生産システムの研究が進められている。

陸上養殖は安定した環境のもとで行える一方、大水槽やプラントの設置、設備のラ

ンニングコストなどで相応のコストがかかる。そこで考え出されたのが動植物複合生産。魚の養殖と並行して、海藻などの栽培を行う新しい陸上養殖のスタイルだ。

ポイントのひとつは魚に加えて、栽培した海藻なども出荷できること。もうひとつは植物が水を浄化する作用を利用し、水槽内の水をきれいに保てるところだ。

金魚を水槽で飼育していると、排泄物によって水質が悪化していくが、水草を入れておくとある程度は浄化される。動植物複合生産は、植物が持っているこの働きを利用して行う。メカニズムは次のようなものだ。

まず、魚の水槽の底から排泄物の混じった水をパイプに流し、水槽からつながるろ過装置まで持っていく。この装置内でアンモニアがろ過されて、植物の栄養になる硝酸態窒素に変化。ろ過装置から出た水はまた別のパイプを通じて、魚の水槽の上に設置された植物の入った水槽へと流れていく。

植物はこの水に含まれた硝酸態窒素を栄養分として吸収。浄化された水は、魚のいる水槽へと落ちていく。こうした循環によって、水質を保つというシステムだ。

動植物複合生産システムを研究している近畿大学では、ウナギ養殖の場合は、水草タイプの中国野菜である空心菜とセットにするのがいいという。ウナギの活動が活発化する水温は27～28℃とかなり高いが、空心菜ならこの環境でも生育できるからだ。

空心菜以外に、ユーグレナ（ミドリムシ）とウナギを合わせる研究も進めている。もともと、ウナギ養殖池にはユーグレナが増殖しやすいことから、いっそのこと一緒に生産してみようというわけだ。

栽培する植物は、養殖する魚の好きな水温などに合わせて選択。地上で育つ野菜よりも、水草のほうが栄養吸収が良いので望ましい。水の循環システムに働きかけ、収穫したものを販売して利益も得られる動植物複合生産。一石二鳥の陸上養殖として、実用化に向けてさらに研究が進められている。

## ヒラメに緑色の光を当てると、1・6倍早く成長する！

ある特殊な操作をひとつ加えただけで、養殖ヒラメの成長がぐっと早くなり、出荷までの期間を短縮できる。こうした革新的な技術導入に成功したのは、大分県佐伯市の養殖業者、東和水産だ。

業界が注目する技術を開発したのは、北里大学の高橋明義教授。水槽のヒラメに白・赤・青・緑の光を当てて様子を観察したところ、緑色の光の中で最も活発に行動することを発見した。

東和水産ではこの研究報告をもとに、陸上養殖をしているヒラメの水槽に緑色のLEDライトの光を当ててみた。

ヒラメは通常、底のほうでじっとしており、あまり動かない。ところが、緑色の光を浴びると、活発に動き回るようになった。エサをまくと、飛び跳ねるようにして勢い良く食べ、同じヒラメとは思えないほどの元気さだという。

エサをモリモリ食べた結果、緑色の光を当てたヒラメは通常の1・6倍のスピードで成長。これまでは出荷までに1年近くかかっていたが、どんどん大きくなることから9か月に短縮できた。試食したところ、従来のものと味や食感が変わらないことも確認され、出荷にこぎつけた。

ヒラメが元気になった理由は、海と環境が似るからだ。光は赤と青、緑の3色で構成されるが、海の中では深さによって違う色に見える。ヒラメが多く生息するのは深さ数10メートルの海底で、そのあたりには緑色の光が届く。このため水槽に緑色の光を当てると、本来の環境に近くなって活発になるというわけだ。

光を取り入れる養殖はほかにも研究が進んでおり、より深いところに生息するクエの場合、青い光を当てると元気になることがわかっている。サケやウナギ、フグなどでも研究が進行中。こうした新時代の技術導入により、養殖の生産性はますます高まっていきそうだ。

## 養殖の世界でも、IoTとAIを利用したシステムが誕生

養殖で必要なコストのなかで、群を抜いて多いのがエサ代だ。費用の6～7割も占めており、いかに適切な金額に抑えるかが、養殖経営の大きな課題になっている。

エサをやるタイミングと量は、漁師の長年のカン頼り。しかし、魚は海の中にいるので様子がわかりにくいうえに、水温などの状況によって食べ方は変化する。食欲以

上にエサをやれば無駄になるし、海が汚れて環境にも悪影響を与える。しかも、エサやりは大変な作業だ。生き物が相手なので休むこともできず、海が少々しけても危険を承知で作業しなければならない。

こうした課題の解消に向けて取り組んでいるのが、元ＪＡＸＡ（宇宙航空研究開発機構）の研究員が起業したウミトロン。最新テクノロジーを養殖関連商品の開発に利用するユニークなスタートアップ企業だ。

ウミトロンが開発した製品のひとつが「ＵＭＩＴＲＯＮ　ＣＥＬＬ」。ソーラーパネルを搭載しており、海上で自律稼働するエサやり装置だ。同社が得意とするＩｏＴ技術によって、スマホやパソコンからの遠隔操作によるエサやりができる。この装置を導入すれば、海に出ることなく、家や出先から魚を管理することが可能だ。

装置の下部にカメラが搭載されており、生け簀の中の様子をスマホなどで確認できるのも、漁師にとってうれしい機能といえる。

さらに画期的な製品が「ＵＭＩＴＲＯＮ　ＦＡＩ」。画像解析により、ＡＩが魚の食欲をリアルタイムで判定する世界初のシステムだ。ＵＭＩＴＲＯＮ　ＣＥＬＬと組み合わせて利用することによって、一層、効率的なエサやりができるようになる。

食品業界を変えようとするフードテックの波は、食の生産現場である養殖業界にも確実に押し寄せている。かつて日本が世界の漁業をリードしたように、先頭に立って引っ張っていくことを期待したい。

## 「ゲノム編集」で、筋肉もりもりのマッチョなマダイに！

通常よりも、ずっと筋肉質で肉厚のマッチョなマダイ。普通の養殖ものと比べて、はるかに短期間で豊満に成長するトラフグ。これらは最先端のイノベーション「ゲノム編集」によって作り出された魚たちだ。

「ゲノム」とは、それぞれの生物が持っている遺伝子の情報をすべてひっくるめたもの。「生き物の設計図」といってもいい。このゲノムにちょっと手を加え、新たなプラスの性質をつけ加えようとする技術がゲノム編集だ。

遺伝子の情報を変えるというのなら、それは「遺伝子組換え」ではないのか？と思う人もいるだろう。確かに、ゲノム編集と遺伝子組換えには混同しやすい部分がある。しかし、まったく違うものであることを知っておきたい。

遺伝子組換えとは、その生き物にはない遺伝子を新たに組み込むことをいう。つまり、遺伝子が組換えられたものは、その種がもともと持っていない新しい性質を持つことになる。

実際の例でいうと、特定の除草剤をかけられても枯れない大豆、自分をかじった害虫が消化機能の障害を起こして死んでしまうトウモロコシなどがそうだ。

これらの遺伝子組換え作物は、ゲノムのなかにその性質のかけらも持っていないのだから、大豆に対して品種改良を何億回繰り返しても、特定の除草剤に耐性を持つことなどない。

自然界では絶対に起こらないのが遺伝子組換え。こうしたものを食べて本当に大丈夫なのか、と懸念されているのはこのためだ。

これに対して、ゲノム編集は生き物が本来持っている設計図に手を加えて、新しい性質を与えるものだ。２０１２年に開発された「クリスパー・キャス９」などのゲノム編集の技術によって、ゲノムを作り出すＤＮＡの配列のなかで、狙った特定の遺伝子のみを切断する。

そうはいっても、やはり遺伝子に手を加えるのだから怖い……と、まだ思う人もいるかもしれない。けれども、ＤＮＡが切れたり壊れたりする現象は、自然界でごく当たり前にあることだ。

こうした場合、トラブルがあった部分はすぐに修復されてもとの状態に戻る。ところが、まれなことではあるが、修復エラーのようなことが起こって、もとに戻らないケースがある。これが生物に進化をもたらせてきた突然変異なのだ。

人間はこの突然変異を利用してきた。植物でいえば、たまたま生まれた大きな実、えぐみのない葉、軟らかい茎といったものを選抜して利用してきた。これが野菜や穀物、果樹、それに家畜やペットなどでも行われてきた品種改良だ。

ゲノム編集は自然界で発生するＤＮＡの修復エラーを人為的に行うことなので、根本的には品種改良と何ら違いはない。ただ品種改良と大きく違うのは、比較にならない短期間で結果を出せるということだ。この点から、フードテックの世界でも利用されるようになってきた。

話を冒頭の肉厚マダイたちに戻そう。これらゲノム編集された新しい魚は、京都大学と近畿大学の共同研究によって生まれた。

肉厚マダイは２０１６年にゲノム編集され、２年かけて成魚となった。マッチョな体に成長したのは、もちろん狙い通りだ。マダイは頭が大きく、骨が太いので可食部が少ない。そこで筋肉の多いものに改良しようと、筋肉の発達を抑える遺伝子「ミオスタチン」を切断することによって作られた。

肉厚マダイのヒントになったのは、「ベルジアンブルー」というヨーロッパ産の筋肉もりもりの肉牛だ。この肉牛の筋肉が発達しているのは、突然変異によってミオスタチンの機能が失われていることが要因だと明らかになっている。この点に着目し、該当する遺伝子を狙い撃ちしたわけだ。

成長の早いトラフグを作る技術は京大と近大、水産研究・教育機構の共同研究によって２０１５年に確立した。ゲノム編集で切断したのは、食欲を抑える遺伝子だ。この結果、エサを盛んに食べるようになり、通常だと1年で６００グラム程度になるところ、1キロを超える大きさに成長した。

夢のようなイノベーションであるゲノム編集。次はどういった新しい性質の魚が生まれるのだろうか。

# 第6章

# 新型コロナで加速する外食産業の大変革

## 業務自動化AIロボットが外食産業を変える

近年、外食産業は人手不足に悩まされている。新規参入が多いことから競争も激しく、生産性の向上を常に頭に置いて経営しなければならない。

外食産業を取り巻く環境は、新型コロナウイルスの流行によって厳しさが一層増した。人との接触を避けたいと思う者は多く、いくら求人をかけても見向きもされない。そもそも客が一気に減少し、経営危機に陥る飲食店が続出している。

状況が深刻さを増すなか、人手不足を補い、生産性を向上させることのできるフードテックの役割はますます大きくなっていく。なかでも期待されているのが、食品産業用ロボットだ。

調査会社メティキュラス・マーケットリサーチによる「食品ロボット市場予測2019-2025」によると、市場は年間平均32・7%で成長し、2025年には31億ドル（約3300億円）に達すると予測されている。

近年、特に食品産業用ロボットが伸びているのが米国だ。調理スタッフはもともと低賃金なのに加えて、接客スタッフとは違って客からチップがもらえない。このため離職率が高く、常に人手が不足しているからだ。

こうした状況を変える可能性があるのが、調理をこなす食品産業用ロボット。まず、その先進国である米国の驚くべき事例から見ていこう。

## ハンバーガー作りの複雑な工程をロボットが可能に

米国のスタートアップ企業、クリエイターは開発に8年かけて、ハンバーガーを自動で作るロボットを完成させた。その自慢のロボットは2018年、同社がサンフランシスコに開いたレストランで稼働を開始した。このレストランでの注文は、接客スタッフの案内のもと、食べたいハンバーガーの情報をタブレット端末に入力して行う。オーダーのデータがキッチンまで届くと、ロボットが作業を開始する。

ロボットは動き出すと、まず、その日に焼かれたバンズを真っ二つにカット。これをトーストし、バターを塗ってソースをかける。具材であるタマネギやトマト、ピクルスなどは作り置きをしないで、注文を受けてからカットする。

パティの材料である牛肉は、牧草地で育てられた安全な牛の肉で、抗生物質とホルモンフリー。そのパティを焼くのも、注文を受けてから。こんがり焼いて、具材を盛ったバンズに乗せたら、ロボットが作る新時代のハンバーガーの出来上がりだ。

このロボットが作るハンバーガーは1個約6ドル。日本人から見ると「ちょっと高い」と思う値段かもしれないが、サンフランシスコのレストランでハンバーガーを食べるとその2倍ほどはするようだ。この低価格を実現できるのは、調理をロボットに任せることによって、スタッフを減らして人件費を抑えられるからだ。

ロボットはシースルーの設計で、内部が丸見え。客はロボットがハンバーガーを作る一部始終を見て、ほお、上手に野菜を切るものだ、といった具合に楽しみながら待つことができる。このハンバーガー作りロボットに限らず、調理ロボット導入のメリットとして、こうした話題性も大きいだろう。

ロボットはその後、リニューアル。2021年夏、クリエイターが開いた新店舗に登場した。新型ロボットの特徴はパーソナライズ化（個別の最適化）。客がアプリでソースや味つけを選べるようになった。また、調理の手際が良くなり、初期型よりも早い時間で提供できる。次のリニューアル時には、どういった機能が追加されるのだろうか。

## こねて、焼いて、売る。すべて自動のパン焼きロボット

２０１９年にラスベガスで開催された「コンシューマー・エレクトロニクス・ショー（ＣＥＳ）」で注目されたのがパン焼きロボットだ。最新機器が並んだ会場に焼き立てパンのいい香りが漂い、来場者たちは鼻をひくつかせながら足を止めていた。

パン焼きロボット「ブレッドボット」を開発したのはウイルキンソン・ベーキング・カンパニー。ロボットは幅3メートル、高さ１・２メートルほどの大きさで、すぐ隣に焼き立てパンを自動で並べる陳列ケースがついている。

ブレッドボットは6分に1斤ずつ、１時間で10斤のパンを焼ける。１日稼働させる

と200斤以上のパンを作ることが可能だ。食べもので肝心なのは味だが、職人が手作りしたパンに負けず、けっこうおいしいのだという。

人間がサポートする必要はほとんどなく、設定した通りに、ブレッドボットは黙々と生地をこね、形をきちんと整え、パンを焼き続ける。1日の仕事を終えてもすぐには休まず、自動でクリーニングを行うという勤勉さだ。ただし、クリーニングのあとには水分が残るので、これは人間が拭き取る必要がある。

ブレッドボットはスーパーへの導入を想定して開発された。ロボットをガードするケースは透明で、パンが焼き上がる様子は外から丸見え。食品売り場に置けば、客の目を引くのは間違いないだろう。

焼き上がったパンが食べたくなったら、陳列ケースの扉を開けてから取り出せばいい。ケースはまるで自動販売機。パネルを見ると、焼かれているのはどういったパンで、いつ焼き上がったのかといった情報を得ることができる。

ブレッドボットをパンの製造に専念させる手もある。この場合は、客から見えないバックヤードに設置して、次々とパンを作ってもらえばいい。熟練のパン職人のように、同じ品質のパンを作り続けてくれるはずだ。

## 調理時の手の動きをロボットアームが見事に再現

ロボット工学を得意とするコンピューター科学者、マーク・オレイニク氏がロンドンに設立したスタートアップ企業、モーリーロボティクス。2015年に全自動調理ロボット「モーリー」を発表し、そのデモンストレーション動画が大きな話題を呼んだ。

調理をするのは、キッチン上部から伸びる2本の腕。5本の指で包丁を握って食材を切る、パスタをつかんで鍋に入れる、きざんだタマネギをフライパンに投入して炒める、ボウルにドレッシングの材料を入れて泡立て器で器用に混ぜる。まるでプロの料理人のような手さばきで、こうした動きをスムーズに行っていく。

近年、調理ロボットの開発競争が起こっているなか、モーリーの人の手のような動作はじつに独創的だ。すごい性能のロボットを開発したものだと、動画を見た者は驚かずにはいられなかった。

当初、このモーリーを2年以内に完成させると予告。しかし、2017年が終わっても販売されなかった。次いで、2019年中の販売をホームページ内で告知したが、またもや肩透かし。新しい動きがあったのは2020年末。旧型をバージョンアップした「モーリーR」をついに発表した。

この新型調理ロボットは、精巧な動きを可能にするロボットアームのほかに、通常のキッチンに備えられているIHコンロやオーブン、シンク、冷蔵庫といったさまざまな機能を備えている。特に冷蔵庫は高性能で、食材の賞味期限切れが近くなったり、食材が不足したりしたら通知してくれる優れものだ。

モーリーRは左右のロボットアームを器用に使って、人間の動きを再現。冷蔵庫から食材を取り出すところから、調理したものを皿に盛りつけるまで、しなやかに作業する。自動洗浄システムも組み込まれており、料理が終わったら調理台をきれいにし、紫外線ランプによって消毒も行う。

旧型モーリーが作れる料理にはバリエーションがなかったが、モーリーRが提案するレシピは30以上。今後、さらに追加されて増えていき、最終的には5000を超える料理が作れるようになるという。

自分で料理を作りたい気分のときは、ロボットアームをキッチンの脇に仕舞えるような仕様になっている。すべての料理をロボットに依存しないで、通常のように、自分で作ることもできるわけだ。

さて、モーリーRの気になる価格は24万8000ポンド。日本円にすると、3500万円以上もする。家が一軒買えるほどの高価格だが、今後、大衆向けの買い求めやすい価格帯のバージョンも開発していく予定だという。

## 店のスタッフとの接触がまったくない「無人レストラン」

サンフランシスコを拠点とするスタートアップ企業、イーツァ。2015年にオープンした第1号店のサラダレストランは、開店直後からあっという間に注目を集め、物珍しさもあって多くの人が来店した。店内に入ってもスタッフが見当たらない、まったく無人のレストランなのだ。

注文はタッチパネル式の注文機で行う。クレジットカードを通して起動させ、初めて利用する場合はメールアドレスを入れてログイン。好き嫌いやその日の気分などの質問に答えると、これらの情報に合った複数のサラダを提案される。客はその中から選んで注文する仕組みだ。このオーダーシステムとは別に、食材やドレッシングなどを事細かく自分で選んでもいい。どちらの方法でも、注文したサラダはデータとして記憶され、次に来店したとき、同じものを注文することが可能だ。

サラダは客から見えないバックヤードで調理される。出来上がったら、デジタル表示に注文者の名前が表示。扉が透明のおしゃれなコインロッカーのような取り出し口から、セルフで受け取る仕組みになっている。

イーツァはこの画期的なスタイルで次々出店し、ニューヨークなども含めて7店舗まで増やした。しかし2017年10月、5つの店舗を閉店すると発表。その後は、無人レストラン運営のノウハウを販売する方針に軸足を移した。

このイーツァの技術を導入したのが、アジアンフードチェーンのワウバオだ。シカゴに無人店舗を出店し、イーツァが開発したシステムを使って運営。一般的に顧客の待ち時間が平均約5分といわれるなか、注文後50秒以内に客が料理を受け取れるようになったという。客の満足度が上がるうえに、回転率もアップしたわけだ。

フロア係もレジ係もおらず、調理スタッフも客から見えない。極限まで人員を削減した、まさに未来型の無人レストラン。その運用のあり方は、コロナ禍で人との接触が避けられる状況下で一層注目されている。

## コンビニの揚げ物は調理ロボットが担当する時代に

調理ロボットの開発は近年、日本でも急速に進んでいる。なかでも取り組みが注目されるのが、キッチン用ロボットの研究開発に特化したスタートアップ企業、コネクテッドロボティクスだ。

代表取締役の沢登哲也氏は東京大学工学部卒業。学生時代は「ＮＨＫ大学ロボコン」にプログラマーとして参加し、２００４年には優勝も経験した。その高いプログラミング技術を駆使して、他社メーカーが作った汎用ロボットを利用し、ソフトの部分での研究に専念している。

同社が開発したロボットで、コンビニの店内風景を一変させる可能性があるのが「ホットスナックロボット」。2019年に東京ビッグサイトで開催された「FORMA JAPAN(国際食品工業展)」で披露され、業界関係者から熱い視線を浴びた。ホットスナックロボットは人の手を介することなく、唐揚げやコロッケなどを自動調理する。その動きは次のような流れで、スムーズに行われる。

揚げ物にする食材は、その店の販売量に応じて、冷凍庫にあらかじめ入れておく。調理のゴーサインが出されると、まずアームロボットが冷凍庫を開けて食材を取り出し、金属製のカゴに入れる。その金属カゴをフライヤーまで運び、揚げ方を決めるボタンを押して調理がスタート。

揚げ上がると、金属カゴをつかんで油から取り出し、アームを上下に動かして油を切る。その様子は、まるで人間が菜箸で揚げ物を取り上げて、仕上げの作業をしているようだ。油を切ったら商品トレイに移し替え、保温庫の扉を開いて中に移す。そして扉を閉めれば作業終了だ。

ホットスナックロボットは商品の提供も担当する。客がタブレット端末で選ぶと、商品をピックアップし、パックにのせて提供する仕組みだ。

このホットスナックロボットは、2時間の稼働によって150食分の調理が可能。人間の役目は、冷凍庫に食材を入れて置くことだけだ。近年、コンビニ業界が頭を悩ませているアルバイト不足に対応し、生産性の向上も期待できる。こうした新時代のロボット導入によって、コンビニの省力化は一層進んでいきそうだ。

## ロボットが生めんからゆでる駅そばの味は

コネクテッドロボティクスの調理ロボットは、すでに実社会で活躍しているものもある。そのひとつが「そばロボット」だ。

そばロボットが初めて店舗で稼働したのは2020年3月。JR東日本スタートアップとの共同プロジェクトとして、「そばいちnonowa東小金井店」でデビューした。ただし、これは店舗効率化を目指す実証実験だったため、お披露目は短期間で終了。そこで浮かび上がった課題の解消に向けて改良し、2021年3月、「そばいちペリア海浜幕張店」で本格導入された。

実証実験そばロボットのロボットアームは1本しかなかったが、改良型そばロボットでは2本になって、生産性がぐっと向上した。券売機による注文と連動して動く機能も、前回版にはなかったものだ。

そばロボットは調理に必要な作業をほぼこなせる。まず1本目のロボットアームが生のそばを番重《ばんじゅう》（薄型のそば運搬容器）から取り出し、湧いている湯の中に投入する。ここからは2本目のロボットアームにバトンタッチし、ゆでられたそばを湯から上げ、水で洗って締める。残った作業の水切りと盛りつけだけを人間が行う。

そばロボットは1時間で150食を作ることが可能だ。導入によって人手不足が解消でき、ゆで加減が均一になって味が安定する。コロナ禍でのメリットもあり、食券が不要なので客との接触がなくなり、従業員が減るため厨房での「密」も回避できる。

コネクテッドロボティクスは今後も駅そば業界にアプローチし、2026年までに30

店の導入を目指している。

同社はほかにもユニークなロボットを数多く開発。ハウステンボスやショッピングモールなどに採用された「オクトシェフ（たこ焼きロボット）」、イトーヨーカドー内の一部店舗などに導入された「ソフトクリームロボット」、最大４人分の朝食を自動で作れる「朝食ロボット」などがある。ごく当たり前のことのように、調理ロボットが飲食店や暮らしのなかに入り込む時代が、日本にも到来しつつあるようだ。

## 客席まで配膳し、コミュニケーションも取れるロボット

最近、日本の外食産業で、配膳型ロボットの導入が進んでいる。なかでも個性的なのがベラボット。上部の面にネコの顔が描かれていて、見るだけで何となくなごむ。こんな愛らしいネコ型ロボットが配膳してくれたら、「また会いに来よう」と思う人が少なくないかもしれない。

ベラボットは中国で２０１６年に設立されたプードゥーロボティクスが開発。高さ

1・3メートルほどで、最大負荷10キロのトレイを4層備えている。世界各国の病院やレストラン、ホテルなどで利用されており、新型コロナウイルスが流行するなか、非接触型の配膳サービスとして一層注目される存在になってきた。

ベラボットは最先端の3DセンサーであるRGBD深度カメラを搭載。何かに近づくと、わずか0・5秒で認識してすぐに停止する。

前面の障害物探知距離は10メートル、前面の検知角度は180度を超える192・64度、毎分の最大障害物検知回数は5400回。こうした極めて優れた性能によって、客席まで人や椅子などにぶつかることなく、スムーズに移動できる。

ベラボットが可能なのは、ただ料理を客席まで運ぶ作業だけではない。客と楽しいコミュニケーションを取れるユニークなロボットなのだ。搭載されたAI音声モジュールにより、客席に着くと「料理を取り出してください。取り出したら、私の頭に触れるのを忘れないでくださいね〜」と操作手順を教える。

頭の部分をなでられると「ご主人様の手は温かいにゃ〜」などとかわいい声をあげたり、客がしつこくなで続けたら「もう手を離してくださいよ〜」とやさしくたしなめたりもする。コミュニケーションを取るときに目をぱちぱちさせるなど、表情を変えるところも面白い。

ベラボットのような配膳ロボットは、人手不足を補えるというメリットに加えて、客がＳＮＳなどにアップすることによる宣伝効果も期待できる。接客スタッフの担当範囲が狭まるので、以前よりも目配りができるようになり、サービス向上につながるというメリットもあるようだ。また、客からのクレームを少なくする効果もあるとのこと。ロボットに文句をつけてもしょうがない、というところだろう。

## 自動販売機の次世代型は「小さな無人レストラン」

外食業界でフードテックの波が押し寄せているのは、実店舗だけではない。無人の自動販売機の世界でも、かつてない大きなイノベーションが始まっている。

自販機の歴史を振り返ると、最初に開発されたのは、缶やペットボトルに入ったドリンクを販売するシンプルなものだった。日本では現在もこのタイプが主流になっている。その後、プラスアルファの機能がついたものが加わった。砂糖やミルクの量、氷の有無などを指定できる抽出コーヒーの自販機に代表されるタイプだ。

そしていま新しい潮流になりつつあるのが、小さな無人レストランとでもいうべき新しい自販機。箱の中でロボットが調理や盛りつけをするタイプだ。こうした次世代型自販機のなかでも注目されているのが、サラダを提供するロボット型自販機「サリー」。米国カリフォルニアのスタートアップ企業、チョボティクスが開発した。

サリーは冷蔵機能を備えた内部に、最大22種類、100食分の野菜をストック可能だ。注文はタッチパネルで行い、8種類のサラダから食べたいものをチョイス。さらに野菜やドレッシング、トッピングなどをお好みで指定し、自由にカスタマイズしていくシステムだ。注文後、1分半も待てば出来上がる。

自販機といってもコンパクトな大きさで、約90センチ四方の空きスペースがあれば設置できる。病院や教育機関、空港など、食事をするところが少ない場所を中心に、設置が進められている。

台湾出身のCEOが率いる米国スタートアップ企業、ヨーカイエクスプレスの動向からも目が離せない。タッチパネルでメニューを選ぶと、冷凍ラーメンがスチームで加熱され、わずか50秒程度で熱々ラーメンが食べられる。インスタントラーメンと比べると、よりラーメンらしい味がするという。

ヨーカイエクスプレスは２０２１年に日本に上陸する計画だ。人の手を介さないシステムがいまの時代にマッチし、人気を博する可能性はあるだろう。

## アプリで注文し、指定時間に自販機で淹れ立てコーヒーを

「無人レストラン」ではないが、「無人カフェ」のような次世代型自販機が日本で開発されている。国際的なロボット競技大会「ロボカップジュニア」に14歳で入賞した中尾渓人氏が、高校在学中の２０１８年に起業したニューイノベーションズだ。

そのユニークな自販機は２０１９年から実証実験を行ってきた。２０２１年に事業検証を終了し、ＡＩカフェロボット「ルートシー（root C）」の名で正式発表。５月から第一弾として、東京駅日本橋口近くに期間限定で設置した。

ルートシーは次のような流れで利用する。まず、スマートフォンに専用アプリをダウンロード。そのアプリを開いて、コーヒーを受け取りやすい場所にある自販機を選択する。

次いで、飲みたいコーヒーをセレクト。香りや濃さなどの好みがあれば、指定して味わいを変えることも可能だ。それから受け取り時間を指定すると注文は終了。時間になったら指定した自販機に行き、アプリの機能でロッカーのロックを外し、抽出されたばかりの香り高いコーヒーを受け取るという仕組みだ。注文から受け取りまで人との接触がないので、コロナ禍のなかで注目されそうだ。

利便性だけではなく味にもこだわり、際立った風味が約束されるスペシャリティコーヒーを提供する。コーヒーの自販機に特化するのではなく、将来的には食品分野にもトライしたい考えがあるという。

今後、意欲的なスタートアップ企業によって、さまざまな次世代型自販機が開発されていくことだろう。それらがどういったメニューを提案してくれるのか、楽しみに待っていよう。

# 第7章

# スマート調理機器で、食卓がガラッと変わる！

## スマート調理機器があれば、料理初心者でも心配なし

最先端のITテクノロジーを「食」の分野に活用するフードテック。前章では外食産業の現状と近未来を紹介したが、この章では個人の調理に関するイノベーションをテーマとする。まず、モノがインターネットとつながって、これまでにない機能を生み出すスマート調理機器を紹介しよう。

おいしいものを食べるのは大好きだけど、料理は苦手。ステーキを焼いても、ミディアムで食べたいのに焼きが足りなかったり、焼き過ぎて固かったり。どうしても上手に料理ができない……。

こうした人におすすめしたいのが、米国スタートアップ企業のヘスタンスマートクッキングが提案するスマート調理機器「ヘスタンキュー」シリーズだ。このブランドの賢いフライパンや鍋、IHヒーターを使ったらもう料理に失敗しないで済む。

一流シェフの味を家庭で再現できる画期的な調理機器がヘスタンキュー。その秘密

はブルートゥースによって調理機器が専用アプリと連動することにある。

専用アプリには、４００以上もの動画つきオリジナルレシピを収録。レシピはミシュランの星を獲得した有名シェフたちの監修によるものだ。作る料理は料理名や盛りつけられた画像を見て決めてもいいし、好きな材料や使いたい調理機器、その日の気分などから選択することもできる。

料理の手順は動画がすべて指示。食材の切り方や調味料を入れるタイミング、肉や魚の焼き方、裏返し方など、動画を見ながらそれにならって行うと、有名シェフが作る極上料理にどんどん近づいていく。

でも、料理で肝心なのは火の入れ方なのでは？と思う人がいるかもしれない。確かにその通りだ。そして、ヘスタンキューに抜かりはない。

フライパンと鍋、ＩＨヒーターにはセンサーが内蔵されており、アプリと連動することによって火加減や加熱時間を調整してくれる。あとどれくらい加熱したらいいのか、といった情報もアプリに表示。こうして焼き過ぎや生煮えとは無縁で、レシピ通りの完璧な料理が出来上がるわけだ。

今日はアプリに指示されないで作ってみたい、といった気分のときは手動モードに切り替えたらいい。火加減などをコントロールされずに、自分の思うように調理することができる。

ヘスタンキューは2021年11月から、日本でも販売される予定になっている。その際には新たに、日本人の有名シェフによるオリジナルレシピや、家庭料理のレシピなども加わるそうだ。

## 全自動調理ロボットを使って、出勤前に夕食の準備

仕事が忙しく、家に帰っても夕食を作る時間なんかない。毎晩、スーパーの惣菜を電子レンジでチン。皿にそれらしく盛りつけて、食卓に出す日が続く……。

こうした味気ない夕食をとっている人は少なくないだろう。しかし米国のスタートアップ企業、スービーのスマート調理機器「スービー2・0」があれば、いくら仕事が長引いても、帰宅時間に合わせて完成したほかほか料理を食べることができる。

旧タイプの「スービー1・0」は内部に4つの調理室があったが、2・0ではそれぞれの調理機能がアップし、調理室が2つに減ってぐっとコンパクトになった。

さまざまな調理機能が組み込まれたスービー2・0は、電子レンジよりも少し小さい箱型の全自動調理ロボット。あらかじめ材料を入れておけば、後は自動で調理をして指定した時間に仕上げてくれる。

帰宅するまで相当な時間が経過するので、生ものは腐ってしまいそうな気がする。だが、そうした心配はない。

スービー2・0の内部では、タンク内を冷たい水が循環することにより、食材を冷やし続けてくれる。冷蔵庫のような冷却機能がついているので、水はいつまでたってもぬるくならない。

食材に冷凍を使うのもOKだ。この場合は調理時間に合わせて、温水によって解凍する仕組みになっている。

調理時間を設定するには、専用のアプリを使う。出かけたあとでアプリを開き、この時間に食べたいと思う時間をセットする。

急な残業が入ったときには、時間設定をやり直せばいい。再設定したとき、すでに料理をはじめていた場合、スービー2・0はとりあえず調理を済ませて、その後は保温しながらご主人様の到着を待ってくれる。

スービー2・0では焼く、炙る、蒸す、真空調理、ローストといった方法で調理する。料理で使う食材には、専用のミールキット（食材セット）を利用。週1回、食材がまとめて届けられるウイークリープラン、1食ごとに選べるフレックスプランなどがある。1人暮らしや、家族が多くてたまには楽をしたい人などにとって、かなり気になる存在だろう。ただ、いまのところ日本では取り扱われていない。

## 食材購入から調理まで、すべてを制御する「キッチンOS」

次々開発されるスマート調理機器とも関連し、IoTの世界をさらに広げるのが「キッチンOS」というまったく新しい機能だ。

OSとはアプリなどの土台となるソフトウェアのこと。パソコンやスマートフォンでは、ウインドウズやアンドロイドがこれに当たる。キッチンOSはキッチンに関連する食材や調理など、幅広い分野の基盤となるものだ。

キッチンOSを開発するスタートアップ企業は、独自に作成したレシピを核として、食品小売りチェーンや家電メーカーと提携。アプリ上で食べたい料理を選択すると、必要なミールキットのネットショッピングをはじめ、火力や温度、時間などがコントロールされたスマート調理機器での自動調理まで、スムーズに行うことができる。

こうしてレシピの決定から買い出し、調理までの一連の流れを連動。この画期的な機能を持っているのが、キッチンOSの特徴だ。

キッチンOSを代表するスタートアップ企業のひとつが米国のイニットだ。サービスの起点となるのは専用のアプリ。食の好みやアレルギーの有無、使いたい食材、ヴィーガンやベジタリアンといった食に対する姿勢、利用する家電などを登録することで、パーソナル情報に合った最適なレシピを提案してくれる。

あとはレシピに従って、スマート調理機器が温度調節などをしながら調理。通常の料理とは違って次の手順などを考える必要はなく、一流シェフが作ったかのようなおいしい料理が出来上がる。

米国のサイドシェフも、キッチンOSを前面に押し出すスタートアップ企業。創業者は料理がまったくできない男性で、自分のようなタイプでも簡単に料理作りができることを目指して設立された。このため、レシピは料理初心者でもわかるように、とてもかみ砕いて説明されているのが特徴だ。

イニットとサイドシェフはネットショッピングの利便性を重要視し、世界最大のスーパーマーケットチェーンであるウォルマートと提携した。さらにイニットは世界最大の食品多国籍企業であるタイソンフーズとも提携。こうしたダイナミックな体制により、レシピで必要な食材を一層調達しやすくなっている。

アイルランドで設立されたスタートアップ企業、ドロップによるキッチンOSも注目されている。レシピ作りには有名シェフに参加してもらい、目を引く斬新なメニューを提案。家庭用のジューサーといった小型調理家電への対応も進め、自動調理の幅を広げようとしている。

米国での開発を中心にどんどん進化していくキッチンOS。その対極の概念ともいえる「手作り」や「おふくろの味」が好まれる日本で、これからどのように受け入れられていくのか興味深い。

## その日の気分や好みに合ったレシピをアプリが提案

これがいまのあなたが食べたい料理。そして、これがそのレシピです——。キッチンOSがアプリでこう提案するように、フードテックの世界ではいま、レシピのパーソナライズ化がどんどん進んでいる。

米国スタートアップ企業が先導するこの分野に、日本の冷凍食品業界のトップ企業、ニチレイが乗り出したのを知っているだろうか。2020年11月に提供開始したスマートフォン用アプリの「このみるきっちん」。漠然とした個人の食の好みを〝見える化〟する新時代のサービスだ。

アプリではまず食のタイプを診断することからスタート。「いつもの食事であなたが重要視するのはどれですか？　健康的なこと／ダイエットに最適なこと／気分が上がること／おなかいっぱいになること」といった6つの質問に回答する。

その答えから、素材にも価格にもこだわる「スマートタイプ」、料理を効率的にこなす「ロジカルタイプ」、気分が盛り上がるようなメニューが得意な「インパクトタイプ」といった6つの「食タイプ」に分類。この価値観を基本に、AIがその人専用の献立を提案。「選ぶ楽しみ」も得られるように、1点のみの〝決め打ち〟ではなく、メイン1品＋副菜2品がセットの7種類から選べる仕組みになっている。

6つの質問と食のタイプ分けについては、ニチレイのこれまでの取り組みを反映。心を数値化する手法「心理計量学（サイコメトリクス）」などによって得た知見をAIに組み込んで分析し、〝見える化〟を実現した。

レシピ数はサービス開始時点で350種類。自分に合った料理とはどういったものなのか、ちょっと気になるところだ。

平日は忙しく、休日にまとめて料理をする人向けに、献立は作り置きができるものが選ばれている。作り置きに慣れていない人でも効率良く調理できるように、手順をわかりやすく紹介する。

ある調査によると、家で食事を作るうえで最も大変なのは「献立を考えること」だという。新型コロナウイルスの流行以来、家で過ごす時間が増えて、日々、考えなければならない献立数も多くなった。その悩み解消の手助けになってくれるのではないだろうか。

## 体調や気候に合うパーソナライズしたお茶を抽出

ボストン大学大学院で出会った日本人とインド人の留学生が意気投合し、次世代のお茶体験をテーマとするＬＯＡＤ＆ＲＯＡＤを起業。日本、インド、アメリカの３か国を拠点とし、新たなフードテックの開拓に挑んでいる。

お茶を入れるという行為の中には、茶葉や水の量、湯の温度、抽出時間など数字で表せるものが多い。ＬＯＡＤ＆ＲＯＡＤはこの点に着目。２０２０年、すべてを数値化して自動抽出する「Teploティーポット」を開発した。

Teploはスマートフォンのアプリと連動し、パーソナライズしたお茶を入れる自動抽出機だ。まずポットに水を注ぎ、茶葉を専用の容器に入れてセット。次にアプリ内のお茶のデータベースを見て、種類を選択する。

次のステップがTeploの最大ポイント。センサーの上に指を乗せて、脈拍や指の温度、室温、湿度、照度、騒音レベルを計測する。このデータをＡＩが解析し、その人の体調や気分を特定して、最適なお茶を抽出するのだ。

たとえば睡眠不足で眠い人には、通常よりも高温で長めに抽出し、カフェインの多い苦めのお茶に。疲れている人なら、あえて低温で抽出してやや甘めに仕上げる。ほかにも、仕事に集中したい、リラックスしたい、といったさまざまな状況に対応し、気分と体調に合った最適なお茶を自動で抽出してくれる。

同じ温度をキープし続けるので、抽出中に温度がやや下がる急須と比べて、狙い通りの味や香りを出しやすいという利点もある。

Teploで使用する公式茶葉は日本茶だけではなく、紅茶や中国茶、台湾茶などもある。発売当初は20種類で、随時追加して充実させていく予定だ。

# 第8章

# 健康と栄養バランスを守ってくれるヘルステック

## 食べるものを撮影するだけで、ＡＩが栄養を自動解析

フードテックとよく似た言葉に「ヘルステック」という造語がある。「フード」に「テクノロジー」を掛け合わせてフードテックにしたように、ヘルステックは健康を意味する「ヘルス」と「テクノロジー」を組み合わせたものだ。

ヘルステックは病気の予防や治療、健康づくりに役立てるため、ＡＩやウェアラブルデバイス（手首や腕などに装着できる情報端末）といった最新テクノロジーを活かす。食事との関係性が深いことから、フードテックとヘルステックには重なる部分がある。この章では、そういった健康を支えるフードテックについて見ていこう。

このジャンルで最近、注目度がアップしているのが食事管理アプリだ。２００７年にＡＩと管理栄養士の知見を組み合わせたサービスを始め、２０１３年からアプリ「あすけん」を提供しているasken（アスケン）という企業の取り組みを見てみよう。

新型コロナウイルスの流行以来、健康に対する関心が高まったことから、あすけん

の会員数は急増。２０２１年夏には、アプリ利用者が国内外で６００万人を突破した。

使い方を紹介すると、まずスマートフォンにアプリをダウンロードし、食事を終えるたびに開いて内容を記録。キーワードを検索すると、関連する一連のメニューが表示されるので、該当のものを選んで入力するという仕組みだ。

あすけんのセールスポイントは、こうして記録された食事内容をもとに、イラストで登場するＡＩ管理栄養士から無料でアドバイスをもらえることだ。たとえば、「健康度は80点」「食事のなかでは脂質が多くなっています」「特にビタミンＣが不足しています」などと明確に診断され、おすすめの食材やレシピなども教えてくれる。通知は１日のなかで都合のいい時間に設定することが可能だ。

「あすけん」には有料版もあり、こちらはさらに便利。食べた料理をいちいち入力する必要はなく、写真をアップロードするだけで画像を解析してメニュー名を表示する。また無料版ではアドバイスは１日１回だが、有料版を利用すると１食ごとに検証してもらえるので、健康管理に一層役に立つ。

食事管理アプリには、２０１６年に始まったライフログテクノロジーの「カロミル」もある。会員数は2021年5月時点で95万人を超えた。「カロミル」は画像解析に一層力を入れており、無料版でも食べた料理を撮影してアップロードするだけで、栄養アドバイスをもらうことができる。

健康の基本となるのは、やはり毎日の食事。こうしたアプリの需要は、これからますます高まっていきそうだ。

## 買いもの履歴から栄養をチェックし、ヘルシーな食事を提案

健康でいたい、ダイエットしたいと思う人にとって、AIを駆使した食事管理アプリはとても便利で有効なツールだ。ただ、食事のたびに料理を撮影したり、入力したりするのはちょっと面倒……と感じる人がなかにはいるかもしれない。

そういった不精な人でも、無理なく使えそうな食事管理アプリがある。ヘルステックに関するスタートアップ企業のシルタスが開発し、2019年からサービスを行っているアプリ「SIRU+（シルタス）」だ。

多くの場合、日々の食事の材料は、家に近い場所にある特定のスーパーで買われている。「ＳＩＲＵ＋」はこの習慣に注目して開発された。提携したスーパーのポイントカードと連動。買いものの履歴のデータをＡＩが解析して、食に関する情報を栄養素に変換し、利用者に知らせるという新しいスタイルのシステムだ。

アプリには栄養診断のページがあり、買いものから割り出した栄養の傾向を表示。21種類の栄養素が棒グラフで示され、グラフの色が青い場合は「不足」、緑になっていると「摂り過ぎ」、ピンクだと「適正」を意味する。こうした色分けによって、月単位や週単位の過不足がひと目でわかるので、食生活の改善に役立てやすい。

栄養の分析と関連したアドバイスも受けられ、不足している栄養素の役割や、足りないと陥りがちな症状などをレクチャーしてくれる。

さらに注目されるのが、購買データなどの傾向をＡＩが解析し、食材やレシピを提案する仕組み。利用者ひとりひとりの食の好みを考慮し、不足している栄養素を補うために効果的な食材や具体的なレシピ、食品メーカーのおすすめ商品などを教えてくれる。日々の買いものの履歴と連動しているからこそ可能な機能だ。

アプリにはほかに、「野菜」「肉」「魚」といったジャンルごとの購入数を表示し、自分の買いものの傾向がよくわかる機能などもあり、日ごろの食生活を改めて見直すきっかけになるのではないか。

フードテック、ヘルステックのスタートアップ企業らしく、独自の視点から開発されたSIRU+。ただし現在のところ、利用できるところはダイエーの一部店舗などに限定される。今後、連携するスーパーやコンビニなどを増やし、利用可能な地域を広げていくのが課題になっている。

## 個人のDNAを解析し、食品選びの判断材料に

スーパーの買いものに関連するフードテック、ヘルステックでは英国のスタートアップ企業、ディーエヌエーナッジがまったく違うアプローチによるシステムを開発している。

スマートフォンのアプリとリストバンドを使った、これまでにない斬新なテクノロ

ジー。利用者のＤＮＡに秘められた情報をもとに、食べたい食品と避けるべき食品を明らかにするというものだ。

まず、オンラインまたはディーエヌエーナッジのリアル店舗からＤＮＡ採取キットを購入。口の中の粘膜を少し採取し、専用のカートリッジに入れて店のスタッフに渡すか、あるいは郵送する。店で検査した場合は、その人がどういったＤＮＡを持っているのか、１時間後に結果がわかるという。判明したＤＮＡの情報は、アプリとリストバンドにアップロードされる。

利用の仕方は簡単だ。アプリの入ったスマホかリストバンドを持ってスーパーへ。気になる商品があったら、そのバーコードにいずれかをかざすだけ。これでバーコードに書き込まれた情報が分析され、含まれる塩分や砂糖、脂肪、カフェインなどの成分が明らかになる。

そういった成分が利用者の体にどのような影響を与えるのか、ＤＮＡの情報をもとにチェック。積極的に摂りたいものは緑色、避けたほうがいいものについては赤色のランプで表示される。

アレルギーなどが気になる人は、購入する前に通常、食品表示欄を入念に読み込まなければならない。このシステムを利用すれば、そういった手間をかけなくても、体質に合っているかどうかが瞬時にわかるというわけだ。

独自の切り口に驚かされるが、自分のＤＮＡ情報を渡すということから、やや抵抗を感じる人がいるかもしれない。開発元の英国ではどう受け入れられていくのか、気になるところだ。

## 1食で1日の栄養の3分の1を摂取できるパスタとは

主食をイノベーションし、健康を当たり前にすること。このミッションを掲げてフードテックに挑んでいるのが、２０１６年、東京で設立されたベースフードだ。

ＣＥＯの橋本舜氏は起業前、ＩＴ企業に在籍し多忙な日々を過ごしていた。仕事に追われ、食事はラーメンやコンビニ弁当など簡単に済ませられるものばかり。加えて、夜は懇親会で外食することも少なくなかった。

こうした暮らしを続けるうちに、橋本氏は健康に自信がなくなってきた。栄養バランスが大事であることはもちろん理解できるが、何をどう食べたらいいのかわからない。健康的な食事とは何だろう……考えるうちに、ある日、橋本氏はひらめく。毎日食べる「主食」の栄養バランスを良くするのはどうか？

橋本氏はこのアイデアに魅せられて起業。１食で１日に必要な栄養素の３分の１を含む、世界初の完全栄養パスタ「ベースパスタ」を開発した。

欧米とは違って、日本はたんぱく質などの栄養やカロリーの多くを米や麺類、パンといった主食から摂っている。この主食をフードテックのターゲットにしたのは、いかにも日本人的な発想だ。

ベースパスタに含まれている栄養は、たんぱく質や食物繊維、さまざまなビタミン、ミネラルなど30種類以上に及ぶ。栄養面だけではなく、おいしさにもこだわっており、全粒粉の風味ともちもちした食感が好評だ。専用のソースがついてくるので、簡単に調理して食べることができる。

２０１９年にはベースパスタと同じく、１食で１日に必要な栄養素の３分の１を含む完全栄養パン「ベースブレッド」を開発。プレーンのほかチョコレート味やメープル味などがあり、調理しないでそのまま食べられるので便利だ。

2021年にはおやつで栄養補給が十分できる画期的な商品「ベースクッキー」を開発した。このクッキーにはココア味とアールグレイ味を用意している。

ベースフードのビジネスモデルは、中間流通を介さずに直接販売する「D2C(Direct to Consumer)」であることも特徴だ。専用サイトで注文すると、商品が消費者に直接届けられる仕組みを構築している。

ベースフードは2018年、サンフランシスコに拠点を設置。健康志向の高まる米国でも、完全栄養食の販売に取り組んでいく。

## 介護の現場に朗報、見た目を保ったまま軟らかく調理

高齢になると、噛《か》む力や飲み込む力が次第に低下していく。家族にこうした人がいる場合、硬い食材を使わないで、軟らかく調理することが必要だ。嚥下《えんげ》力がより衰え

ている場合は、ミキサーでの調理や市販の介護食の利用も考えなければならない。日々、このような手間をかけるのはじつに大変。しかも、高齢者当人も見た目や味に満足できず、家族と違う食べものを出されるさびしさも加わり、食べる楽しみが失われていく。

家族の負担を減らし、高齢者の食事も充実させるにはどうしたらいいのか。この重要なテーマを掘り下げ、解決策のひとつとして開発されたのが「デリソフター」だ。パナソニックの女性社員が発案して社内コンテストに応募。その後、有志が集まって新しい会社ギフモを立ち上げ、２０２０年に発売までこぎつけた。

デリソフターは食材を調理するのではなく、完成している料理や惣菜を軟らかく変身させるかつてない調理機器だ。それほど固くない料理はそのままで、肉料理などの固い料理は特許出願中の「デリカッター」で目立たない隠し包丁をたくさん入れてから、2気圧の高圧をかけてスチーム調理。この工程によって内部まで効率良く加熱され、どの料理も歯ぐきや舌でつぶせるほど軟らかくなる。

しかも驚くべきことに、料理の見た目はまったく変わらない。ここがデリソフターの最大のポイントで、噛む力の弱った高齢者でも、家族と同じような料理が食べられるわけだ。料理をする側のメリットも大きく、別々に調理する場合と比べると、負担はぐっと軽くなる。

高齢者の食事や介護食のあり方を一変させる可能性があるデリソフター。値段は4万円台と、高機能の炊飯器と同程度の価格設定になっている。

## 3Dフードプリンターは介護食のキラーコンテンツ⁉

近年、3Dフードプリンターに関する動きが活発化してきた。たとえば2018年に米国で開催された大規模イベント「S×SW(サウス・バイ・サウスウエスト)」に電通を中心とした日本の産学連携グループ、オープンミールが参加。「寿司テレポーテーション」と題して東京からデータを転送し、会場に持ち込んだプリンターで寿司を再現して来場者の度肝を抜いた。

このデモンストレーションのように、新時代のイノベーションとして、3Dフードプリンターの活用方法が模索されている。

インクの替わりに、ペースト状の素材を使用。データを入力して、食べものを立体的に〝印刷〟する。さまざまな利用の仕方が考えられ、本物の食材の見た目を再現するのはもちろん、これまでにない色や形をしたクリエイティブな料理を創り出すことも可能だ。個人のデータに基づいて、嗜好や味覚に合った食事の提供もできる。将来的には宇宙での食料生産に大きく貢献する、という見方もされている。

この３Ｄフードプリンターの実用化に向けて、フードテックとヘルステック双方の観点から、着々と動いている分野がある。それは介護食だ。

介護食の主な対象は咀嚼力が衰えた高齢者なので、食べやすいように軟らかくなければいけない。そのため、どうしてもペースト状になりやすく、食欲がなかなか湧かないという欠点がある。その点、３Ｄフードプリンターを使えば、見た目を本物の料理に近づけることができるのだ。

たとえば焼き魚を作るなら、身と皮の部分で異なる素材を使えばいい。色を変えると、焼き魚っぽい見た目に仕上げることができそうだ。身には弾力のある素材を使い、皮はやや硬めの素材にすれば、本物に近い食感を再現するのも可能だ。

3Dフードプリンターの大きな特徴のひとつ、カスタマイズが可能なことも介護食作りに向いている。その人の嗜好や咀嚼力の衰え具合などを入力し、ひとりひとりに適した軟らかい介護食を作ることができるからだ。3Dフードプリンターの特性は介護食にぴったり。近い将来、介護の世界のキラーコンテンツになり得る存在だ。

この分野の研究で、日本の先端を走っているのが山形大学。現在、〝インク〟になるのはペースト状のものだけだが、水分を含まない粉も使える画期的なプリンターの開発を目指し、研究に取り組んでいる。

## 採血なしで血糖値を測定し、食事改善に活用

食べものと強く関連している生活習慣病が糖尿病。その患者に向けた斬新なヘルステック機器も開発されている。医療機器などを開発・販売するアボットの「フリースタイルリブレ」のケースを見てみよう。

糖尿病患者は血糖管理が欠かせないが、従来の簡易血糖測定器を使う場合、指先に傷をつけて採血する必要があった。フリースタイルリブレはこうした患者の負担を解消する血糖測定デバイスで、２０１７年に日本で保険適用となった。ヨーロッパでは２０１４年に販売開始となり、日本に上陸する以前に、すでに39か国以上で利用されていた人気のデバイスだ。

フリースタイルリブレで測定するのは、皮下組織にある間質液のグルコース（ブドウ糖）値。装置は５００円玉大のセンサーと、スマートフォンを小さくしたような形のリーダー（本体）から成る。測定するには、センサーを上腕部に装着し、そこにリーダーをかざして行う。血糖値は瞬時に測定され、近距離無線通信によって、リーダーにわかりやすい折れ線グラフで表示される。

リーダーには24時間の血糖値変動が記録され、食事や運動でどういった影響が出るのか、インスリンなどの効き具合はどうなのかといったこともわかる。センサーは使い捨てで、最長で2週間使用可能。入浴や運動のときも装着したままでＯＫだ。痛みを感じることなく血糖値を測定できるので、糖尿病患者にとってとても有効なデバイスといえる。２０２１年2月、このフリースタイルリブレを進化させた新時代の血糖測定デバイスが提供開始となり、さらに利便性がアップした。

新デバイス「フリースタイルリブレLink」はスマートフォンと連動するシステム。リーダーを使うことなく、普段使っているスマホをセンサーにかざすだけで血糖値を測定し、画面上に表示する。リーダーを持ち運ぶ必要がなくなるのに加えて、周りに気づかれない自然な感じで測定することができるのもメリットだ。

医療や病気予防に関するフードテック、ヘルステックはこれからますます進化の速度を増していくことだろう。

もちろん培養肉や代替肉、昆虫といった食材そのもの、農業や漁業などの食材の生産現場、外食産業の店舗やそのバックヤード、日々の家庭の食卓。これらすべてにおいてイノベーションが起こり、フードテックはさらに高度なものになっていく。

これからたった数年のうちに、食の世界は様変わりするのかもしれない。どう変わるのか、何が新しくなるのか。フードテックがどういった未来をもたらすのか、私たちは現在進行形で体感できる時代に生きている。

【主な参考文献】
・『スマート農業の展開について』(2021年7月、農林水産省)
・『農業分野におけるドローンの活用状況』(2020年6月、農林水産省生産局技術普及課)
・『農業用ドローンの普及に向けて』(2019年3月、農林水産省)
・『食べることの進化史』(石川伸一／光文社)
・『フードテック革命』(田中宏隆・岡田亜希子・瀬川明秀／日経BP)
・『料理王国』2020年12月号(ジャパン・フード＆リカー・アライアンス)
・『月刊 事業構想』2020年4月号(事業構想大学院大学 出版部)
・『近年の食品3Dプリンタの発展』(川上 勝・古川英光／日本画像学会誌 第58巻第4号)

【主な参考ホームページ】
・農林水産省…スマート農業ほか
・一般財団法人 社会開発研究センター…植物工場の説明
・FAO…昆虫の食糧保障、暮らし、そして環境への貢献
・UPSIDE Foods
・Integri Culture
・Super Meat
・無印良品
・グラリス
・ODO FUTURE
・BugMo
・SILK FOOD
・Hargol
・Blue Nalu
・タベルモ
・ユーグレナ
・IMPOSSIBLE FOODS
・BEYOND MEAT
・不二製油
・DAIZ
・プリマハム
・ゼロミート
・REDEFINE MEAT
・MEATI FOODS
・AIR PROTEIN
・SOLAR FOODS
・JUST
・GOOD CATCH FOODS
・OCEAN HUGGER FOOD
・NRF
・NEW WAVE FOODS
・BASE FOOD
・PERFECTDAY FOODS
・BIO MILK
・BIO MILQ
・TURTLETREE
・CREATOR
・WILKINSONBAKING

・MOLEY
・CHOWBOTICS
・YOKAIEXPRESS
・HESTANCUE
・innit
・SIDE CHEF
・drop
・Suvie
・DNAnudge
・DFA Robotics
・PUDU
・ヤンマー
・クボタ
・井関農機
・ゼロアグリ
・有機米デザイン
・パナソニック
・コネクテッドロボティクス
・ルートシー
・teplo
・asken
・ライフログテクノロジー
・シルタス
・Abbott
・デリソフター
・UMITRON
・日清食品グループ…研究室からステーキをつくる
・キリンホールディングス…キリン独自の「袋型培養槽生産技術」を活用！産学連携の共同研究により、宇宙空間に近い環境での植物の増殖に成功
・ニチレイ…conomeal
・京都大学…広報誌「紅萠」京大発、「肉厚マダイ」参上
・近畿大学・近畿大学水産研究所…クロマグロの完全養殖　ほか
・THE SPOON…Moley's Robotic Kitchen Goes on Sale ほか
・海外のフードテックニュースを365日毎日お届けする専門メディア『Foovo』
・WEDGE Infinity…10年後、私たちは培養肉を食べている
・AFP BB News…地球にやさしく殺生無用の「培養キチン」イスラエルで進む食革
・NHK サイカル…「光」で魚を育てる養殖新技術
・全国郷土紙連合…「自動抑草ロボット」実用化へ加速 ヤマガタデザイングループ「有機米デザイン」TDKと連携2億円の資金調達
・朝日新聞デジタル…魚の減少、私たちはどうしたら？
・朝日新聞 GLOBE…カリフォルニア発「代替肉」の快進撃 新時代の食習慣へ
・日経ビジネス…「海の魚は5年で枯渇」養殖あるのみ／“夕飯難民”に根付くかラーメン自販機米新興が夏にも上陸
・日経 XTREND…ベイシアが「ブリヒラ」販売に本腰　近大の交雑魚、ブリを代替
・高知新聞…カツオ養殖、未来開く 高知県内の産学タッグで挑戦中
・みなと新聞…JR西日本「お嬢サバ」本格お目見え　ほか
・電子デバイス産業新聞…電子デバイス新潮流
・DAIAMONDO ONLINE…JR西日本が「サバの養殖」に注力する理由とは

・Forbes…「キノコ肉」スタートアップの米 Meati、55 億円調達 来年にも市販開始
・YAHOO！ JAPAN ニュース…アメリカで需要急増中の「代替肉」、肉市場を席巻するか
・WIRED…DIGITAL WELL BEING
・IT media ビジネス ONLINE…砂漠、北極でも生産可能！空気と電気でつくる食用たんぱく質の可能性
・PRTIMES STORY…なぜ、食品メーカーが代替肉を販売するのか。高かったハードル、担当者の逆境とは
・TechCrunch Japan…ハンバーガーロボットの Creator、初のレストランオープンへ 6 ドルでアルゴリズム的美味しさを味わえる
・BUSINESS INSIDER…まさに食べ放題？ 1 日に 200 個以上の焼き立てパンを作る最新ロボットが登場
・minorasu…トマト収穫ロボット開発の今～「スマート農業」がもたらす未来とは～
・BACKYARD…3つの“無人店舗”事例からみるユーザー体験を置き去りにしないためのヒント
・ロボスタ…サラダをロボットが配膳！　ほか
・Cnet Japan…急須を使わずおいしいお茶を－IoT で入れ方を最適化する「Teplo ティーポット」CEO インタビュー／データの力で毎日の食事から健康を目指す「SIRU ＋」－無理せずに栄養可視化
・Gyoppy！…「漁師の勘」を AI で自動化！元 JAXA の研究者が変える漁業の未来
・The Guardian… 'I want to give my child the best': the race to grow human breast milk in a lab

本書の情報及びデータは
２０２１年９月現在のものです。

青春新書
*INTELLIGENCE*

こころ涌き立つ「知」の冒険

## いまを生きる

"青春新書"は昭和三一年に──若い日に常にあなたの心の友として、その糧となり実になる多様な知恵が、生きる指標として勇気と力になり、すぐに役立つ──をモットーに創刊された。

そして昭和三八年、新しい時代の気運の中で、新書"プレイブックス"にその役目のバトンを渡した。「人生を自由自在に活動《プレイ》する」のキャッチコピーのもと──すべてのうっ積を吹きとばし、自由闊達な活動力を培養し、勇気と自信を生み出す最も楽しいシリーズ──となった。

いまや、私たちはバブル経済崩壊後の混沌とした価値観のただ中にいる。その価値観は常に未曾有の変貌を見せ、社会は少子高齢化し、地球規模の環境問題等は解決の兆しを見せない。私たちはあらゆる不安と懐疑に対峙している。

本シリーズ"青春新書インテリジェンス"はまさに、この時代の欲求によってプレイブックスから分化・刊行された。それは即ち、「心の中に自らの青春の輝きを失わない旺盛な知力、活力への欲求」に他ならない。応えるべきキャッチコピーは「こころ涌き立つ"知"の冒険」である。

予測のつかない時代にあって、一人ひとりの足元を照らし出すシリーズでありたいと願う。青春出版社は本年創業五〇周年を迎えた。これはひとえに長年に亘る多くの読者の熱いご支持の賜物である。社員一同深く感謝し、より一層世の中に希望と勇気の明るい光を放つ書籍を出版すべく、鋭意志すものである。

平成一七年

刊行者　小澤源太郎

監修者紹介

石川伸一〈いしかわ　しんいち〉

宮城大学食産業学群教授。東北大学大学院農学研究科修了。日本学術振興会特別研究員、北里大学助手・講師、カナダ・ゲルフ大学客員研究員（日本学術振興会海外特別研究員）などを経て、現職。専門は分子調理。関心は、食の「アート×サイエンス×デザイン×テクノロジー」。著書に『「食べること」の進化史』（光文社）、『分子調理の日本食』（オライリージャパン）、監修に『食の科学』（ニュートンプレス）、『香りで料理を科学する フードペアリング大全』（グラフィック社）などがある。

「食《しょく》」の未来《みらい》で
何《なに》が起《お》きているのか

青春新書
INTELLIGENCE

2021年10月15日　第1刷

監修者　石《いし》川《かわ》伸《しん》一《いち》

発行者　小澤源太郎

責任編集　株式会社プライム涌光
電話　編集部　03(3203)2850

発行所　東京都新宿区若松町12番1号 〒162-0056　株式会社青春出版社
電話　営業部　03(3207)1916　振替番号　00190-7-98602

印刷・中央精版印刷　製本・ナショナル製本

ISBN978-4-413-04635-0